# Normung für alle

Werner Fellner

# Normung für alle

## Eine Einführung plus CE für Druckgeräte und Maschinen

2. Auflage

Springer Vieweg

Werner Fellner
thyssenkrupp Uhde GmbH
Dortmund, Deutschland

ISBN 978-3-658-41442-9 ISBN 978-3-658-41443-6 (eBook)
https://doi.org/10.1007/978-3-658-41443-6

Die Deutsche Nationalbibliothek verzeichnet diese Publikation in der Deutschen Nationalbibliografie; detaillierte bibliografische Daten sind im Internet über http://dnb.d-nb.de abrufbar.



Planung/Lektorat: Eric Blaschke
Springer Vieweg ist ein Imprint der eingetragenen Gesellschaft Springer Fachmedien Wiesbaden GmbH und ist ein Teil von Springer Nature.
Die Anschrift der Gesellschaft ist: Abraham-Lincoln-Str. 46, 65189 Wiesbaden, Germany

*Für*
*Anja Fellner (für ihr Verständnis und ihre Unterstützung)*

*Lisa Fellner (für ihre Unterstützung und für die Erstellung der Grafiken)*

# Vorwort

Was muss berücksichtigt werden, wenn man ein Produkt in der EU auf den Markt bringen möchte?

Welche Vorgaben aus Gesetzen und Normen müssen eingehalten werden?

Wo finde ich eine einfache Checkliste oder ein Ablaufdiagramm, an das man sich halten kann?

Wäre das so einfach, wären Sie bei Ihrer Suche nicht auf dieses Buch gestoßen und dieses Buch wäre nicht notwendig.

Diejenigen, die an der Entstehung eines Produktes oder einer Dienstleistung beteiligt sind, haben eine Verantwortung, die schwer zu definieren ist. Dann muss diese jeder für sich herausfinden und vor allem wahrnehmen. In diesem Kontext ist es wichtig, dass ein grundsätzliches Verständnis zu Gesetzen und Normen existiert. Dieses Buch soll dieses wecken und bei der Eruierung und Definition des „zu Berücksichtigenden“ helfen.

Dorsten, Deutschland
März 2023

Werner Fellner

# Inhaltsverzeichnis

# Abkürzungen

| | |
|---|---|
| AEUV | Vertrag über die Arbeitsweise der Europäischen Union |
| ANSI | American National Standards Institute |
| BetrSichV | Betriebssicherheitsverordnung |
| BGB | Bürgerliches Gesetzbuch |
| BVG | Bundesverfassungsgericht |
| CEN | Comité Européen de Normalisation |
| CENELEC | Comité Européen de Normalisation Électrotechnique |
| DGRL | Druckgeräterichtlinie |
| DIN | Deutsche Industrie Norm bzw. Deutsches Institut für Normung |
| EGKS | Europäische Gemeinschaft für Kohle und Stahl |
| EGV | Vertrag der Europäischen Gemeinschaft |
| EN | Europäische Norm |
| ETSI | European Telecommunications Standards Institute |
| EU | Europäische Union |
| EURATOM | Europäische Atomgemeinschaft |
| EUV | Vertrag über die Europäische Union |
| IEC | International Electrotechnical Commission |
| IEEE | Institute of Electrical and Electronics Engineers |
| ISO | International Organization for Standardization |
| ITU | International Telecommunication Union |
| MRL | Maschinenrichtlinie |
| NLF | New Legislative Framework |
| ProdSG | Produktsicherheitsgesetz |
| ProdSV | Verordnung zum Produktsicherheitsgesetz |
| TIA | Telecommunications Industry Association |
| WTO | Welthandelsorganisation |

# 1 Einleitung

Was muss man wann wo und warum berücksichtigen? Diese Frage müssen sich nicht nur Ingenieure stellen, sondern alle, die an einem Produkterstellungsprozess beteiligt sind. Hierbei besteht der Bedarf an einer einfachen Beschreibung der Zusammenhänge zwischen Normen und Gesetzen, insbesondere der europäischen Gesetzgebung und jeweiliger Verbindlichkeitsstrukturen. Dieses Buch soll hierzu einen Einblick vermitteln und auch das Bewusstsein hinsichtlich der Verantwortung eines Ingenieurs vermitteln. Des Weiteren kann und will dieses Buch „nur“ ein Gefühl vermitteln, um sich in der Welt der Vorschriften, Normen und technische Regelwerke zurechtzufinden. Um zu vermeiden, dass man viel zu schnell zu Spezialfragen kommt (z. B.: Worum geht es? Welches Produkt wird betrachtet? Was sind die Grenzen der Baugruppe? Wo ist der funktionale Zusammenhang? Wer macht was und trägt welche Verantwortung?), wird sich dem Thema nicht an Hand eines Beispiels als rotem Faden genähert.

Immer wieder werden Sie auf eine „höhere Ebene“ gehoben, um das ein oder andere verstehen zu können. Letztendlich soll es Wissen vermitteln, von dem Sie gar nicht wussten, dass es Sie interessiert.

Schließlich reduziert es sich tatsächlich auf folgende Quintessenz:

**Jeder ist für das verantwortlich, was er macht und**

**die Anwendung von technischen Regelungen ergibt da Sinn,**

**wo die Anwendung von technischen Regelungen Sinn ergibt.**

 
W. Fellner, *Normung für alle*,
https://doi.org/10.1007/978-3-658-41443-6_1

## 1.1 Motivation

Bei Planung und Konstruktion ist eine große Anzahl von Einflussgrößen zu berücksichtigen. Einige können sogar überhaupt nicht beeinflusst werden (z. B. elementare chemische und physikalische Naturgesetze), andere sind gesetzlich oder vertraglich vorgegeben und weitere resultieren wiederum aus getroffener Festlegungen.

Nun stellt sich die grundlegende Frage: was muss man wann wo und warum berücksichtigen? Eine entsprechende Analyse ist also zwingend notwendig und zu Beginn eines jeden Projektes durchzuführen.

Der Nutzen einer solchen Analyse begründet sich auch schon alleine darin, dass die positive Beeinflussung der Kosten zu Beginn der Planungen am größten ist. Hier besteht noch die Möglichkeit, eine kostengünstige und effiziente Lösung zu verwirklichen.

Im Verlauf der Projektbearbeitung wird der Einfluss immer geringer. Wenn Arbeiten vollzogen wurden, sind Kosten entstanden. Eine späte Änderung verursacht nur weitere Kosten und das durchaus in einem exponentiellen Verhältnis (siehe Abb. 1.1).

Die Kostenentstehung läuft genau anders herum: Zu Beginn der Planung entstehen nur Ausgaben für Arbeitsstunden. Je später fehlerhafte Planungsgrundlagen entdeckt werden, umso höher sind die notwendigen Leistungen für entsprechende Korrekturmaßnahmen.

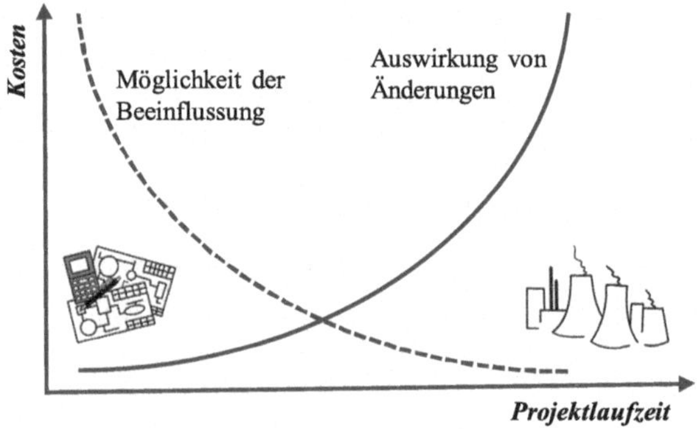


**Abb. 1.1** Kostenbeeinflussungs- und -entstehungskurve

Je präziser diese Planungsgrundlagen erarbeitet und während des Projektes laufend ergänzt bzw. verfeinert werden, umso genauer werden auch die Angebotskalkulationen, Vertragsgestaltungen und Projektrealisierungen.

## 1.2 Analyse

Nur wenn beim Start eines Projektes genügend Zeit in eine gründliche Analyse der Planungsgrundlagen investiert wird, ist eine wirtschaftliche Projektrealisierung zumindest theoretisch gewährleistet.

Allerdings ist der Aufwand für eine Analyse der anzuwendenden Gesetze und Normen nicht zu unterschätzen. Selbst wenn es sich um Nachfolge- oder Wiederholungsprojekte handelt, ist zumindest die Gültigkeit vorheriger Festlegungen zu überprüfen.

Wichtig ist vor allem, dass dies dokumentiert und projektbegleitend gepflegt wird. Nicht nur als Nachweis der Planungsgrundlage aus juristischen Gründen, sondern auch hinsichtlich Weitergabe von Informationen an die beteiligten Parteien.

Für die Erstellung einer Analyse ist in folgender Rangfolge vorzugehen:

1. Festlegungen aufgrund geltender Gesetze, Verordnungen usw.
   (Diese müssen abhängig vom Anlagenstandort beachtet werden.)
2. Festlegungen aufgrund Vorgabe des Auftraggebers
   (Diese sind in der entsprechenden Ausschreibung niedergelegt oder sind später vertraglich vereinbart.)
3. Festlegungen aufgrund Vorgabe des Auftragnehmers
   (Diese können überall dort getroffen werden, wo entsprechende Freiheiten zur Verfügung stehen.)

An allen drei Stellen können technische Regelwerke referenziert sein. Es ist ja nun auch viel komfortabler, sich auf bereits Bestehendes zu beziehen, als Festlegungen neu zu verfassen und ständig aktualisieren zu müssen.

# 2 Rechtliche Grundlagen

Geltende und zu berücksichtigende Gesetze sind abhängig vom Standort und der Art des Produktes.

Im Unterschied zu Normen, sind Gesetze hierarchisch strukturiert und es besteht eine feste Rangfolge. Abb. 2.1 zeigt dies beispielhaft.

In Europa hat die europäische Legislative eine hohe Bedeutung und entsprechende Prinzipien bilden sogar ein Modell für andere Staatengemeinschaften. Nicht nur deshalb lohnt es sich, einen ausgedehnten Blick auf Europa zu werfen.

## 2.1 Europarecht

Im Europarecht sind bereits zahlreiche technische Regelwerke verankert. Daher ist die Analyse, welches anzuwenden ist, nicht einfach. Eine Schwierigkeit liegt in den Zusammenhängen und Geltungsbereichen der gesetzlichen Vorgaben.

Diese haben sich historisch entwickelt und der Gedanke eines geeinten Europas existiert schon seit dem 17. Jahrhundert. Die diesbezüglichen Versuche der wirtschaftlichen und politischen Einigungen westeuropäischer Staaten führte zu den derzeitigen europäischen Organisationen und der entsprechenden Überschneidung von Mitgliedschaften (siehe Abb. 2.2).

Das Recht zwischen europäischen und internationalen Organisationen wird als „Europarecht im weiteren Sinne" bezeichnet.

Das „Europarecht im engeren Sinne" bezeichnet das Recht der EU, auch Unionsrecht genannt, sowie das der Europäischen Atomgemeinschaft.

Das Recht der EU ist überstaatliches Recht in Europa und grenzt sich vom Völkerrecht (und dem dazugehörenden Europarecht) durch sein Verhältnis zum nationalen Recht der Mitgliedstaaten ab: Das Recht der EU hat Vorrang vor dem



W. Fellner, *Normung für alle*,
https://doi.org/10.1007/978-3-658-41443-6_2

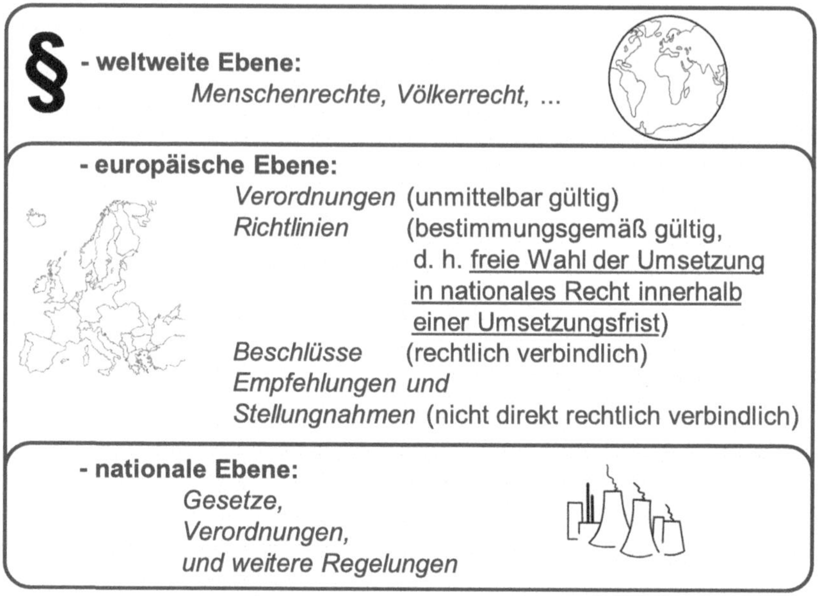


**Abb. 2.1** Gesetzesebenen (beispielhaft)

mitgliedstaatlichen Recht und ist teilweise, d. h. ohne nationalen Umsetzungsakt, unmittelbar anzuwenden (vgl. [2, 3]).

Das EU-Recht gliedert sich in Primärrecht und untergeordnetes Sekundärrecht.

### 2.1.1 Primärrecht

Das Primärrecht bildet die zentrale Rechtsquelle des „Europarechts im engeren Sinne“ und besteht aus den zwischen den Mitgliedstaaten geschlossenen Verträgen (Gründungs-, Revisions- und Beitrittsverträge).

Hier sind die Grundprinzipien der Union festgelegt, insbesondere die Zuständigkeit der Akteure des Gemeinschaftssystems und die Rechtsetzungsverfahren.

Die Verträge werden in direkten Verhandlungen zwischen den Regierungen der Mitgliedstaaten ausgehandelt und müssen anschließend entsprechend den im nationalen Recht vorgesehenen Verfahren ratifiziert werden (meist durch die

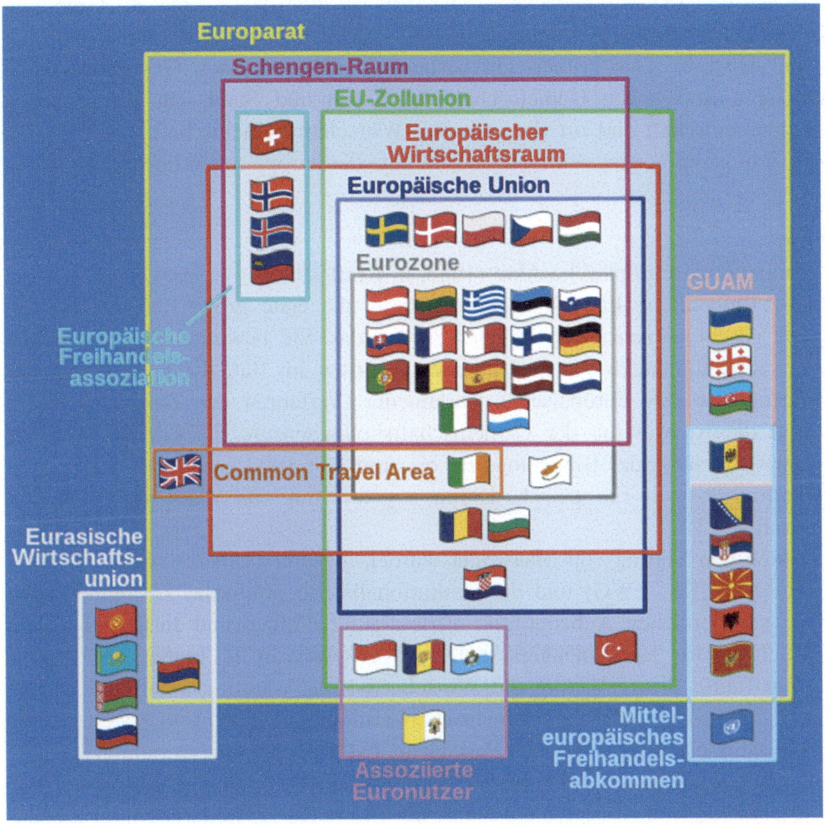


**Abb. 2.2** Überschneidung von Mitgliedschaften in europäischen Organisationen (Stand: Januar 2023) [1]

nationalen Parlamente oder durch ein Referendum). Die Mitgliedstaaten haben hierbei weiterhin die „verfassungsgebende Gewalt" [3].

Der Vertrag über die Europäische Union (EU-Vertrag, EUV) ist ihr Gründungsvertrag. Zusammen mit dem Vertrag über die Arbeitsweise der EU (AEUV) bildet er die primärrechtliche Grundlage des politischen Systems der Europäischen Union. Bisweilen werden diese Verträge deshalb auch als „europäisches Verfassungsrecht" bezeichnet, formal sind sie jedoch völkerrechtliche Verträge zwischen den EU-Mitgliedstaaten. Daneben ist auch der Vertrag zur Gründung der Europäischen Atomgemeinschaft (EURATOM-Vertrag) noch immer gültig.

Zur Historie: Das Primärrecht bestand zunächst aus den Gründungsverträgen zur Europäischen Gemeinschaft für Kohle und Stahl, zur Europäischen Atomgemeinschaft und zur Europäischen Wirtschaftsgemeinschaft.
Die wichtigsten Vertragsänderungen im Laufe der europäischen Integration waren (vgl. [2, 4–7]):

- Einheitliche Europäische Akte (1986, in Kraft 1987)
  Die Einheitliche Europäische Akte stellte die erste große Reform der vorher geschlossenen europäischen Verträge dar. Sie bewirkte die Ausweitung der Abstimmungen mit qualifizierter Mehrheit im Rat, die Erweiterung der Befugnisse des Europäischen Parlaments (Verfahren der Zusammenarbeit) und die Ausweitung der Gemeinschaftskompetenzen. Sie sah das Ziel der Verwirklichung des Binnenmarktes bis zum Jahr 1992 vor.
- Vertrag über die Europäische Union, sog. „Vertrag von Maastricht" (1992, in Kraft 1993)
  Durch den Vertrag von Maastricht wurden die drei Gemeinschaften (EURATOM, EGKS, EWG) und die institutionalisierte politische Zusammenarbeit in den Bereichen Außenpolitik, Verteidigung, Polizei und Justiz unter dem Dach der EU zusammengefasst. Die EWG wurde in EG umbenannt. Außerdem führte dieser Vertrag die Wirtschafts- und Währungsunion ein, schafft neue Politikbereiche der Gemeinschaft (Bildung, Kultur) und erweiterte die Befugnisse des Europäischen Parlaments (Mitentscheidungsverfahren).
- Vertrag von Amsterdam (1997, in Kraft 1999)
  Der Vertrag von Amsterdam erlaubte der Union eine Erweiterung ihrer Zuständigkeiten durch Einführung einer gemeinschaftlichen Beschäftigungspolitik, durch Vergemeinschaftung von Sachgebieten, die zuvor lediglich Gegenstand einer Zusammenarbeit in den Bereichen Justiz und Inneres waren, durch Maßnahmen zur bürgernäheren Gestaltung der Union und durch die Möglichkeit einer engeren Zusammenarbeit bestimmter Mitgliedstaaten (verstärkte Zusammenarbeit). Außerdem kamen das Mitentscheidungsverfahren und qualifizierte Mehrheitsentscheidungen häufiger zur Anwendung.
  Der Vertrag beinhaltete auch eine Vereinfachung und Neunummerierung der Vertragsartikel.
- Vertrag von Nizza (2001, in Kraft 2003)
  Der Vertrag von Nizza diente hauptsächlich der Regelung derjenigen mit der Erweiterung verbundenen institutionellen Fragen, die 1997 im Vertrag

von Amsterdam noch offengelassen wurden. Dabei handelte es sich um die Zusammensetzung der Kommission, um die Stimmengewichtung im Rat und um die Ausdehnung der Fälle, in denen der Rat mit qualifizierter Mehrheit Beschlüsse fassen kann. Der Vertrag erleichterte den Rückgriff auf das Verfahren der verstärkten Zusammenarbeit und verbesserte die Funktionsfähigkeit des Gerichtssystems.

- Vertrag von Lissabon (2007, in Kraft seit 2009)
  Der Vertrag von Lissabon enthält umfangreiche Reformen. Er beendete die Europäische Gemeinschaft, löste die bisherige institutionelle Architektur der EU auf und nahm eine Neuverteilung der Befugnisse zwischen der EU und den Mitgliedstaaten vor. Auch die Arbeitsweise der europäischen Organe und das Beschlussfassungsverfahren wurden geändert. Ziel ist, die Entscheidungsfindung in einer auf 27 Mitgliedstaaten angewachsenen Union zu verbessern. Darüber hinaus reformierte der Vertrag von Lissabon verschiedene Bereiche der EU-Innen- und Außenpolitik. So können die Organe nunmehr in neuen Politikbereichen gesetzgeberisch tätig werden und Maßnahmen ergreifen.

### 2.1.2 Internationale Übereinkünfte

Die internationalen Übereinkünfte sind die zweite Quelle des Rechts der Europäischen Union; sie dienen dem Ausbau der wirtschaftlichen, sozialen und politischen Beziehungen der Union mit der restlichen Welt (Assoziierungsabkommen, Kooperationsabkommen, Handelsabkommen).

Hinsichtlich technischer Festlegungen spielen diese keine direkte Rolle.

### 2.1.3 Sekundärrecht der EU

Das Sekundärrecht, auch „abgeleitetes Recht“ genannt, stellt die dritte wichtige Quelle des Gemeinschaftsrechts dar. Es kann definiert werden als die Gesamtheit der normativen Rechtsakte, die von den europäischen Organen entsprechend den Bestimmungen der Verträge angenommen wurden.

Die wichtigsten Rechtsetzungsorgane der EU sind die Europäische Kommission (im Wesentlichen als Initiativorgan), der Europäische Rat und das Europäische Parlament (im Wesentlichen als Entscheidungsorgane). Der Rat kann in bestimmten Fällen auch alleine Recht setzen. An den Rechtsetzungsverfahren sind oft auch noch andere Organe der EU beteiligt.

Zum Sekundärrecht gehören die im Artikel 288 AEUV genannten verbindlichen Rechtsakte, also Verordnungen, Richtlinien und Beschlüsse, sowie nicht verbindliche Rechtsakte, also Empfehlungen und Stellungnahmen (vgl. [5, 8, 9]).

Artikel 288 AEUV: „Für die Ausübung der Zuständigkeiten der Union nehmen die Organe Verordnungen [engl.: regulation], Richtlinien [engl.: directives], Beschlüsse [engl.: decisions], Empfehlungen [engl.: recommendations] und Stellungnahmen [engl.: opinions] an."

#### 2.1.3.1 Verordnung (engl. regulation)

„Die Verordnung hat allgemeine Geltung. Sie ist in allen ihren Teilen verbindlich und gilt unmittelbar in jedem Mitgliedstaat." [Artikel 288 AEUV]

Mit diesen Rechtsakten können die Unionsorgane am tiefsten in die nationalen Rechtsordnungen eingreifen. Artikel 288 AEUV enthält zwei im internationalen Recht durchaus ungewöhnliche Eigenschaften:

1. ihr Gemeinschaftscharakter, das heißt ihre Eigenart, ohne Rücksicht auf Staatsgrenzen in der ganzen Union gleiches Recht zu setzen und in allen Mitgliedstaaten einheitlich und vollständig zu gelten,
2. ihre unmittelbare Anwendbarkeit, womit zum Ausdruck gebracht wird, dass Verordnungen – ohne einen besonderen staatlichen Anwendungsbefehl – gleiches Recht setzen und den Unionsbürgern unmittelbare Rechte verleihen oder Pflichten auferlegen. Die Mitgliedstaaten (einschließlich ihrer Organe, Gerichte und Behörden, sowie alle Personen, die vom persönlichen Anwendungsbereich der Verordnung erfasst werden) sind unmittelbar an das Recht der EU gebunden und haben es ebenso zu beachten wie nationales Recht.

**Vorrangiges Ziel der Verordnung ist die Rechts*vereinheitlichung*.**

**Beispiel**

- Verordnung (EU) 2016/425 des Europäischen Parlaments und des Rates vom 9. März 2016 über persönliche Schutzausrüstungen und zur Aufhebung der Richtlinie 89/686/EWG des Rates (Text von Bedeutung für den EWR) [10].◄

#### 2.1.3.2 Richtlinie (engl. directive)

„Die Richtlinie ist für jeden Mitgliedstaat, an den sie gerichtet wird, hinsichtlich des zu erreichenden Ziels verbindlich, überlässt jedoch den innerstaatlichen Stellen die Wahl der Form und der Mittel." [Artikel 288 AEUV]

Die Richtlinie ist neben der Verordnung das wichtigste Handlungsinstrument der EU. Sie versucht, die Verbindung zwischen dem Streben nach der notwendigen Einheitlichkeit des Rechts der EU einerseits und der Wahrung der Vielfalt nationaler Eigenarten andererseits herzustellen.

**Vorrangiges Ziel der Richtlinie ist die Rechts*angleichung*.**

Mit Hilfe der Rechtsangleichung sollen Widersprüche zwischen den nationalen Rechts- und Verwaltungsvorschriften beseitigt oder Unterschiede schrittweise abgebaut werden, damit in den Mitgliedstaaten materiell möglichst gleiche Bedingungen gelten. (Die Richtlinie erweist sich damit als eines der grundlegenden Instrumente bei der Verwirklichung des Binnenmarktes.)

Die Richtlinie ist für die Mitgliedstaaten nur hinsichtlich des zu erreichenden Ziels verbindlich, überlässt ihnen aber die Wahl der Form und der Mittel, um die gemeinschaftlich festgelegten Ziele im Rahmen der innerstaatlichen Rechtsordnung zu verwirklichen. Diese Einbindung der Mitgliedstaaten spiegelt die Absicht wider, den Eingriffen in das innerstaatliche Rechts- und Verwaltungsgefüge eine mildere Form zu geben. So wird den Mitgliedstaaten ermöglicht, bei der Verwirklichung der gemeinschaftsrechtlichen Zielvorgaben nationalen Besonderheiten Rechnung zu tragen. Dies geschieht in der Weise, dass die Regelungen einer Richtlinie nicht automatisch an die Stelle der nationalen Rechtsvorschriften treten; die Mitgliedstaaten werden stattdessen verpflichtet, ihr nationales Recht an die Gemeinschaftsbestimmungen anzupassen.

Wird eine Richtlinie von den Mitgliedstaaten nicht, unvollständig oder verspätet in nationales Recht umgesetzt, so können sich Betroffene vor den nationalen Gerichten unmittelbar auf die Richtlinie berufen.

**Beispiel**

- Richtlinie 2014/68/EU des Europäischen Parlaments und des Rates vom 15. Mai 2014 zur Harmonisierung der Rechtsvorschriften der Mitgliedstaaten über die Bereitstellung von Druckgeräten auf dem Markt (Text von Bedeutung für den EWR) [11].

- Richtlinie 2006/42/EG des Europäischen Parlaments und des Rates vom 17. Mai 2006 über Maschinen und zur Änderung der Richtlinie 95/16/EG (Neufassung) (Text von Bedeutung für den EWR) [12].◄

#### 2.1.3.3 Beschluss (engl. decision)

„Beschlüsse sind in allen ihren Teilen verbindlich. Sind sie an bestimmte Adressaten gerichtet, so sind sie nur für diese verbindlich.“ [Artikel 288 AEUV]

Mittels eines Beschlusses können die Organe von einem Mitgliedstaat oder einem Unionsbürger verlangen, dass er handelt oder eine Handlung unterlässt, sie können ihm Rechte übertragen und Verpflichtungen auferlegen. Der Beschluss ist individuell und die Adressaten des Beschlusses müssen einzeln in dem Beschluss genannt werden.

Eine Anwendung und Durchführung der Unionsverträge und Verordnungen ist nur denkbar, wenn für die Unionsorgane (in den Fällen, in denen sie selbst für die Ausführung des Rechts der EU verantwortlich sind) die Möglichkeit besteht, unmittelbar auf die Verhältnisse einzelner Unionsbürger, einzelner Unternehmen sowie einzelner Mitgliedstaaten einzuwirken.

[***Anmerkung:*** Vor dem Vertrag von Lissabon (2007) war die deutsche Bezeichnung dieses Rechtsmittels „Entscheidung“.]

**Beispiel**

Beschluss Nr. 768/2008/EG des Europäischen Parlaments und des Rates vom 9. Juli 2008 über einen gemeinsamen Rechtsrahmen für die Vermarktung von Produkten und zur Aufhebung des Beschlusses 93/465/EWG des Rates [13].◄

#### 2.1.3.4 Empfehlung (engl. recommendation)

„Die Empfehlungen (…) sind nicht verbindlich.“ [Artikel 288 AEUV]

In den Empfehlungen wird den Adressaten, also Mitgliedstaaten, andere Organe, in bestimmten Fällen auch Unionsbürger, ein bestimmtes Verhalten nahegelegt, ohne diese jedoch rechtlich zu verpflichten. So kann etwa die Europäische Kommission in den Fällen, in denen der Erlass oder die Änderung einer Rechts- oder Verwaltungsvorschrift in einem Mitgliedstaat die Wettbewerbsbedingungen auf dem europäischen Binnenmarkt verfälscht, dem betreffenden Staat die zur Vermeidung dieser Verzerrung geeigneten Maßnahmen empfehlen.

**Beispiel**

Empfehlung der Kommission vom 26. Mai 2008 über sichere und effiziente bordeigene Informations- und Kommunikationssysteme: Neufassung des Europäischen Grundsatzkatalogs zur Mensch-Maschine-Schnittstelle (bekannt gegeben unter Aktenzeichen K(2008) 1742) [14].◄

#### 2.1.3.5 Stellungnahme (engl. opinion)

„Die (…) Stellungnahmen sind nicht verbindlich." [Artikel 288 AEUV]

In der Stellungnahme äußern sich die Organe auf nicht verbindliche Weise. Es werden also keine rechtlichen Verpflichtungen für die Adressaten geschaffen. Sie dient dazu, den Standpunkt eines Organs zu einer bestimmten Frage festzulegen, eine gegenwärtige Lage oder bestimmte Vorgänge in der Union oder in den Mitgliedstaaten zu beurteilen bzw. sich in unverbindlicher Form zu äußern. Zum Teil dienen Stellungnahmen aber auch der Vorbereitung späterer verbindlicher Rechtsakte oder sind Voraussetzung eines Prozesses vor dem Gerichtshof.

**Beispiel**

Stellungnahme des Europäischen Wirtschafts- und Sozialausschusses zu dem „Vorschlag für eine Richtlinie des Europäischen Parlaments und des Rates über einfache Druckbehälter" (kodifizierte Fassung) [15].◄

## 2.2 Basis von technischen Regelungen im Recht der Europäischen Union

Wie viele andere Rechtsbereiche auch werden die Themen Arbeitsschutz und Produktsicherheit, inzwischen stark von der europäischen Gesetzgebung geprägt. So gelten in der EU für alle Mitgliedstaaten einheitliche Mindeststandards für den Arbeitsschutz und die Produktsicherheit.

Diese Mindeststandards werden im EU-Recht durch sogenannte „Harmonisierungsrechtsvorschriften der EU" definiert. Sie sind in diesem Recht im Wesentlichen als „Verordnungen" oder „Richtlinien" verankert und dienen der Harmonisierung der Bedingungen für die Vermarktung von Produkten, also dem Gesundheitsschutz von Beschäftigten und Verbrauchern. Sie leisten auch einen wichtigen Beitrag dazu, gleiche Wettbewerbsbedingungen im europäischen Binnenmarkt zu schaffen.

Die Grundlage hierfür bilden zwei im AEUV definierte Ziele:

1. Vollendung des europäischen Binnenmarktes
   (Ziele definiert der Artikel 26 AEUV „Binnenmarkt“,
   Verwirklichung regelt der Artikel 114 AEUV „Angleichung der Rechtsvorschriften“)
   => gerne „Produktvorschriften“ genannt
2. Maßnahmen zur Sicherheit der Arbeitnehmer
   (Ziele definiert der Artikel 151 AEUV „Sozialpolitik“,
   Verwirklichung regelt der Artikel 153 AEUV (u. a. Sicherheit der Arbeitnehmer))
   => gerne „Betreibervorschriften“ genannt.

### 2.2.1 Harmonisierungsrechtsvorschriften der EU zur Vollendung des europäischen Binnenmarktes

Art. 114 AEUV verfolgt den Zweck, die Einrichtung und das Funktionieren des Binnenmarktes zu gewährleisten durch

- Freien Verkehr von Waren, Dienstleistungen, Kapital und Personen,
- Sicherung einheitlicher, hoher Mindeststandards für Produkte und
- Sicherung eines hohen Verbraucherschutzniveaus.

Verordnungen und Richtlinien auf dieser Grundlage beziehen sich vor allem auf die Produktsicherheit. In der nationalen Umsetzung von Richtlinien nach Art. 114 AEUV ist keinerlei Spielraum erlaubt. Sie dürfen weder über- noch unterschritten werden, weil eine absolute Harmonisierung des Handels beabsichtigt ist. In der EU sollen alle Produkte die gleichen grundlegenden Anforderungen erfüllen.

Die mit der Harmonisierung des Binnenmarkts einhergehende Steigerung der Sicherheit von non-food-Produkten steht in engem Zusammenhang mit dem Gesundheitsschutz am Arbeitsplatz: Zum einen waren die ersten Harmonisierungsbemühungen vor allem auf die bei der Arbeit verwendeten Produkte gerichtet und zum anderen ist die Verwendung richtlinienkonformer Produkte fast immer Voraussetzung für einen sicheren Betrieb.

Harmonisierungsrechtsvorschriften auf Grundlage von Art. 114 AEUV haben häufig eine CE-Kennzeichnung zur Folge. Sie richten sich an denjenigen, der die Bereitstellung auf dem Markt vollzieht. Im Allgemeinen ist dies der Hersteller (im Sinne der Harmonisierungsrechtsvorschriften). Da sich diese Richtlinien auf Produkte beziehen, werden sie gerne als „Produktvorschriften" bezeichnet.

[***Anmerkung:*** Die Bezeichnung „CE-Richtlinien" impliziert, dass aus der Anwendung einer Produktrichtlinie, immer eine CE-Kennzeichnung resultieren würde. Dies trifft aber nicht zu und es werden inzwischen auch Verordnungen erlassen, die eine CE-Kennzeichnung nach sich ziehen. Daher sollte die Bezeichnung „CE-Richtlinien" nicht verwendet werden.]

Beispiele für Produktvorschriften siehe Tab. 2.1 (Informationsquellen siehe [16, 17]).

#### 2.2.1.1 Allgemeiner Hinweis zu Rechtsbereichen

Damit der freie Warenverkehr in der Union gewährleistet ist, muss sichergestellt werden, dass die Produkte den Harmonisierungsrechtsvorschriften der Union entsprechen und damit Anforderungen erfüllen, die ein hohes Schutzniveau bei öffentlichen Interessen wie Gesundheit und Sicherheit im Allgemeinen, Gesundheit und Sicherheit am Arbeitsplatz, Verbraucher- und Umweltschutz, öffentliche Sicherheit und Schutz anderer durch diese Rechtsvorschriften geschützter öffentlicher Interessen gewährleisten [vgl. 18].

Es sollen ausschließlich gesetzeskonforme Produkte „auf dem Markt bereitgestellt werden". Geschieht das nicht, liegt es daran, dass Marktsicherheitskontrollen keine absolute Abdeckung erreichen können.

Hinsichtlich der Anforderungen an Produkte sind die Vorschriften in Deutschland im Bereich des Verwaltungsrechts angesiedelt, also im präventiven Rechtsbereich. Wer also dagegen verstößt, begeht zunächst eine Ordnungswidrigkeit.

Entsteht ein Schaden, dann greift im Falle von Körperverletzung, Todesfall und dergleichen das Strafrecht. Wenn auf Schadensersatz geklagt wird, greift das Zivilrecht. Die Gerichte beschäftigen sich fast ausschließlich mit diesem repressiven Rechtsbereich. Eine vereinfachte Darstellung dieser Rechtsbereiche zeigt Abb. 2.3.

Im Bereich des öffentlichen Rechts werden selten die Gerichtsverfahren angestrengt. Aufgrund fehlender Gerichtsverfahren mangelt es auch an gesicherten Entscheidungen von Richtern und erfolgten Interpretationen von Produktvorschriften. Um diese Lücke zu schließen, wird von staatlichen, staatlich eingesetzten oder wirtschaftlichen Organisationen versucht, nötige Umsetzungshilfen zur Verfügung zu stellen.

**Tab. 2.1** Beispiele für Produktvorschriften (Stand: Mai 2020)

| | |
|---|---|
| Thema | ***Allgemeine Produktsicherheit*** |
| EU | **Richtlinie 2001/95/EG** des Europäischen Parlaments und des Rates vom 3. Dezember 2001 über die allgemeine Produktsicherheit; *Geändert durch: EGV 596/2009 (2009-06-18), EGV 765/2008 (2008-07-09)* |
| D | **ProdSG**: Produktsicherheitsgesetz vom 8. November 2011 (BGBl. I S. 2178, 2179; 2012 I S. 131), zuletzt durch Artikel 16 des Gesetzes vom 28. April 2020 (BGBl. I S. 960) geändert |
| Thema | ***Niederspannung*** |
| EU | **Richtlinie 2014/35/EU** des Europäischen Parlaments und des Rates vom 26. Februar 2014 zur Harmonisierung der Rechtsvorschriften der Mitgliedstaaten über die Bereitstellung elektrischer Betriebsmittel zur Verwendung innerhalb bestimmter Spannungsgrenzen auf dem Markt |
| D | **1. ProdSV**: Verordnung über elektrische Betriebsmittel vom 17. März 2016 (BGBl. I S. 502) |
| Thema | ***Einfache Druckgeräte*** |
| EU | **Richtlinie 2014/29/EU** des Europäischen Parlaments und des Rates vom 26. Februar 2014 zur Harmonisierung der Rechtsvorschriften der Mitgliedstaaten über die Bereitstellung einfacher Druckbehälter auf dem Markt |
| D | **6. ProdSV:** Verordnung über einfache Druckbehälter vom 6. April 2016 (BGBl. I S. 597) |
| Thema | ***Persönliche Schutzausrüstung*** |
| EU | **Verordnung (EU) 2016/425** des Europäischen Parlaments und des Rates vom 9. März 2016 über persönliche Schutzausrüstungen und zur Aufhebung der Richtlinie 89/686/EWG |
| D | **EUVProduktBereitstellDG:** Gesetz zur Durchführung von Verordnungen der Europäischen Union zur Bereitstellung von Produkten auf dem Markt und zur Änderung des Neunten und Zwölften Buches Sozialgesetzbuch vom 18. April 2019 (BGBl. I S. 473) |
| Thema | ***Maschinen*** |
| EU | **Richtlinie 2006/42/EG** des Europäischen Parlaments und des Rates vom 17. Mai 2006 über Maschinen und zur Änderung der Richtlinie 95/16/EG; *Geändert durch: EUB 2019/436 (2019-03-18), UV 167/2013 (2013-02-05), EGV 596/2009 (2009-06-18), 2009/127/EG (2009-10-21), 2006/42/EGBer (2007-03-16)* |
| D | **9. ProdSV:** Maschinenverordnung vom 12. Mai 1993 (BGBl. I S. 704), zuletzt durch Artikel 19 des Gesetzes vom 8. November 2011 (BGBl. I S. 2178) geändert |

(Fortsetzung)

**Tab. 2.1** (Fortsetzung)

| | |
|---|---|
| Thema | ***Geräte und Schutzsysteme zur bestimmungsgemäßen Verwendung in explosionsgefährdeten Bereichen*** |
| EU | **Richtlinie 2014/34/EU** des Europäischen Parlaments und des Rates vom 26. Februar 2014 zur Harmonisierung der Rechtsvorschriften der Mitgliedstaaten für Geräte und Schutzsysteme zur bestimmungsgemäßen Verwendung in explosionsgefährdeten Bereichen |
| D | **11. ProdSV**: Explosionsschutzprodukteverordnung vom 6. Januar 2016 (BGBl. I S. 39) |
| Thema | ***Aufzüge*** |
| EU | **Richtlinie 2014/33/EU** des Europäischen Parlaments und des Rates vom 26. Februar 2014 zur Angleichung der Rechtsvorschriften der Mitgliedstaaten über Aufzüge und Sicherheitsbauteile für Aufzüge |
| D | **12. ProdSV:** Aufzugsverordnung vom 6. April 2016 (BGBl. I S. 605) |
| Thema | ***Druckgeräte*** |
| EU | **Richtlinie 2014/68/EU** des Europäischen Parlaments und des Rates vom 15. Mai 2014 zur Harmonisierung der Rechtsvorschriften der Mitgliedstaaten über die Bereitstellung von Druckgeräten auf dem Markt; *Geändert durch: 2014/68/EUBer (2015-06-23)* |
| D | **14. ProdSV:** „Druckgeräteverordnung" vom 13. Mai 2015 (BGBl. I S. 692), durch Artikel 2 der Verordnung vom 6. April 2016 (BGBl. I S. 597) geändert |
| Thema | ***Elektromagnetische Verträglichkeit*** |
| EU | **Richtlinie 2014/30/EU** des Europäischen Parlaments und des Rates vom 26. Februar 2014 zur Harmonisierung der Rechtsvorschriften der Mitgliedstaaten über die elektromagnetische Verträglichkeit; *Geändert durch: EUV 2018/1139 (2018-07-04)* |
| D | **EMV-Gesetz** |
| Thema | ***Lärmemissionen*** |
| EU | **Richtlinie 2000/14/EG** des Europäischen Parlaments und des Rates vom 8. Mai 2000 zur Angleichung der Rechtsvorschriften der Mitgliedstaaten über umweltbelastende Geräuschemissionen von zur Verwendung im Freien vorgesehenen Geräten und Maschinen; *Geändert durch: 2000/14/EGBer 2001 (2001-07-27), 2000/14/EGBer 2000 (2000-12-12), EGV 219/2009 (2009-03-11), 2005/88/EG (2005-12-14)* |
| D | **Geräte- und Maschinenlärmschutzverordnung** vom 29. August 2002 (BGBl. I S. 3478), zuletzt durch Artikel 83 der Verordnung vom 31. August 2015 (BGBl. I S. 1474) geändert |

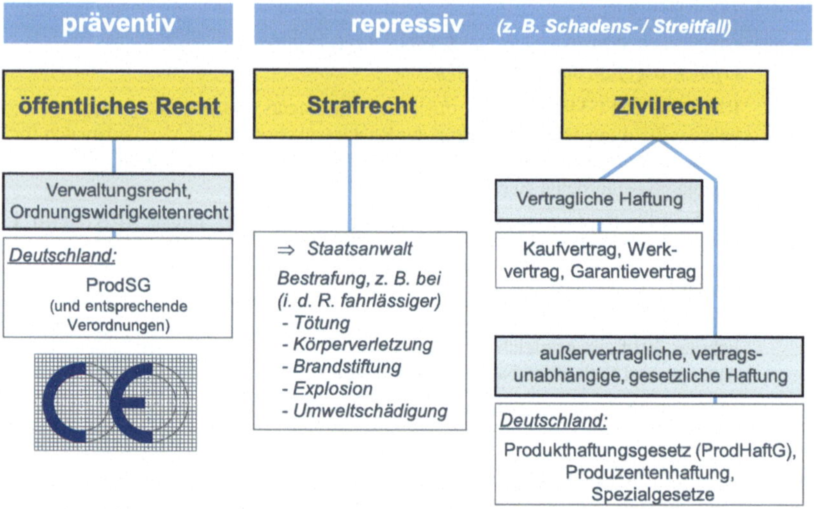


**Abb. 2.3** Vereinfachte Darstellung von Rechtsbereichen (vgl. [19, 20])

### 2.2.1.2 Allgemeiner Hinweis zur Bedeutung der CE-Kennzeichnung

Mit der CE-Kennzeichnung erklärt der Hersteller (im Sinne der Harmonisierungsrechtsvorschriften) oder der von ihm beauftragte Bevollmächtigte gemäß EU-Verordnung 765/2008, „dass das Produkt den geltenden Anforderungen genügt, die in den Harmonisierungsrechtsvorschriften der Gemeinschaft über ihre Anbringung festgelegt sind."

Durch die Anbringung der CE-Kennzeichnung wird also bestätigt, dass das Produkt den gesetzlich vorgeschriebenen Mindestanforderungen entspricht. Es ist *kein* Qualitätszeichen, Prüf- oder Gütesiegel, sondern ein Verwaltungszeichen, das die Freiverkehrsfähigkeit im Europäischen Binnenmarkt zum Ausdruck bringt und wird daher gerne als „Reisepass für Europa" bezeichnet.

Anfänglich wurde die Buchstabenkombination „CE" in vier von neun EU-Amtssprachen noch mit „EG" für „Europäische Gemeinschaft" gleichgesetzt („Communauté Européenne", „Comunidad Europea", „Comunidade Europeia" und „Comunità Europea"). Auch in der früheren deutschen Gesetzgebung wurde es „EG-Zeichen" genannt. Laut Auskunft der Europäischen Kommission hat das Bildzeichen „CE" heute keine literale Bedeutung mehr, sondern ist lediglich ein Symbol für die Freiverkehrsfähigkeit in der EU (siehe auch [21]).

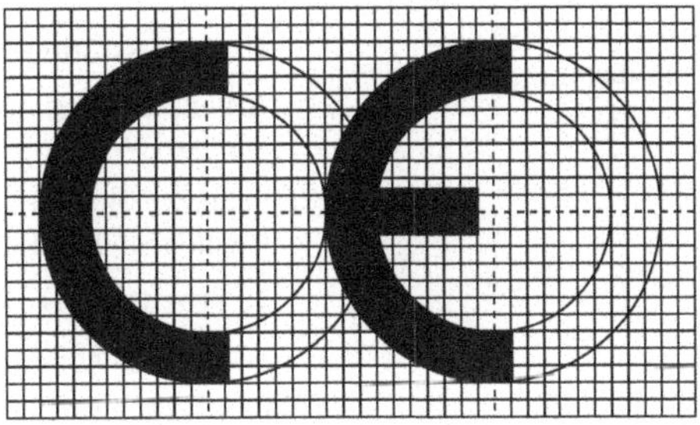

**Abb. 2.4** CE-Kennzeichen [22]

Die Kennzeichnung besteht aus dem CE-Logo (siehe Abb. 2.4) und ggf. der vierstelligen Kennnummer der „Notifizierten Stelle“ (engl. „Notified Body“), falls diese mit der Prüfung der Konformität befasst war.

### 2.2.2 Harmonisierungsrechtsvorschriften der EU zu Maßnahmen zur Sicherheit der Arbeitnehmer

Durch Art. 153 AEUV haben sich die europäischen Mitgliedstaaten verpflichtet, für die Verbesserung des Arbeitsschutzes zu sorgen und eine Harmonisierung anzustreben. Dazu werden Verordnungen und Richtlinien in Form von Mindestvorschriften erlassen, die dann gemäß nationalen Erfordernissen umgesetzt werden. Insofern sind weitergehende nationale Anforderungen möglich und sogar üblich. In diesem Bereich ist daher eine Harmonisierung des EU-Rechts nicht vollständig gegeben.

Die zentrale Vorschrift nach Art. 153 AEUV ist die Richtlinie über die „Durchführung von Maßnahmen zur Verbesserung der Sicherheit und des Gesundheitsschutzes der Arbeitnehmer bei der Arbeit“ (89/391/EWG, geändert durch Richtlinie 2007/30/EG), die sogenannte EU-Rahmenrichtlinie Arbeitsschutz. Sie gilt als das „Grundgesetz des betrieblichen Arbeitsschutzes.“ Umgesetzt in deutsches Recht wird sie durch das Arbeitsschutzgesetz. Die Rahmenrichtlinie wird ergänzt und konkretisiert durch Einzelrichtlinien.

Diese Verordnungen und Richtlinien richten sich an den Arbeitgeber, also z. B. an den Betreiber einer Anlage. Daher werden diese – wie bereits erwähnt – gerne als Betreibervorschriften bezeichnet. Beispiele hierfür siehe Tab. 2.2.

Die Umsetzung der Betreibervorschriften erfolgt in Deutschland durch Verordnungen. Die einzelnen Verordnungen sind dabei als flexible Grundvorschriften konzipiert, die durch Technische Regeln konkretisiert werden (dies entspricht der

**Tab. 2.2** Beispiele für Betreibervorschriften (vgl. [23-25])

| |
|---|
| **1. Arbeitsstätten** |
| Arbeitsschutzrahmenrichtlinie (Arbeitsstätten allgemein): 89/391/EWG, Änderung: 2007/30/EG |
| Schutzgeräte und -systeme in explosionsgefährdeten Bereichen: 94/9/EG |
| **2. Arbeitsmittel** |
| Bereitstellung geeigneter Arbeitsmittel: 2009/104/EG |
| PC-Bildschirme: 90/270/EWG |
| Sicherheits- und Gesundheitsschutzkennzeichnung: 92/58/EWG |
| **3. Arbeitnehmerkategorien** |
| Schwangere, Wöchnerinnen und Stillende: 92/85/EWG |
| Arbeitnehmer mit befristetem Arbeitsverhältnis oder Leiharbeitsverhältnis: 91/383/EWG |
| Jugend: 94/33/EG |
| **4. Spezifische Risiken** |
| Elektromagnetische Felder: 2013/35/EU |
| Mechanische Vibrationen: 2002/44/EG |
| Lärm: 2003/10/EG |
| Künstliche optische Strahlung: 2006/25/EG |
| Ionisierende Strahlung: 96/29/Euratom |
| Explosionsfähige Atmosphären: 1999/92/EWG |
| Chemische Arbeitsstoffe: 98/24/EG |
| Karzinogene oder Mutagene: 2004/37/EG |
| Asbest: 2009/148/EG |
| Biologische Arbeitsstoffe: 2000/54/EG |

gleichen Philosophie wie das Zusammenspiel von Richtlinien und Normen – siehe Abschn. 2.6.2).

Die Verordnungen bieten die Gewähr dafür, dass die von den jeweiligen Ausschüssen nach dem „Kooperationsmodell" (Einbeziehung von Fachausschüssen, z. B. der BAuA (Bundesanstalt für Arbeitsschutz und Arbeitsmedizin)) beschlossenen Technischen Regeln mit einschlägigen Regeln zusammengeführt werden. (Vgl. bzw. weitere Informationen siehe [23, 24]).

Innerhalb einer komplexen Industrieanlage arbeiten Menschen, deren Sicherheit durch den Betreiber gewährleistet werden muss. Dies muss auch der

Anlagenbauer im Blick haben. So kann es sein, dass Letzterer auch technische Anforderungen (wie Technische Regeln) berücksichtigen muss, die sich in erster Linie an den Betreiber richten (siehe auch Abschn. 2.5.2).

## 2.3 Unterschied/Zusammenspiel von „Produkt- und Betreibervorschriften"

Am Beispiel Explosionsschutz soll exemplarisch der Unterschied bzw. das Zusammenspiel von „Produkt- und Betreibervorschriften" erläutert werden.

In vielen Industrien entstehen oder entweichen bei Herstellung, Verarbeitung, Transport und Lagerung von brennbaren Stoffen Gase, Dämpfe oder Nebel, die an die Umgebung freigegeben werden. In anderen Prozessen entstehen brennbare Stäube. In Verbindung mit Sauerstoff kann eine explosionsfähige Atmosphäre entstehen, welche bei Entzündung zu einer Explosion führt.

Besonders in der chemischen und petrochemischen Industrie, bei der Förderung von Erdöl und Erdgas, im Bergbau, bei Mühlen (z. B. Getreide, Feststoffe) können dadurch schwerwiegende Schäden an Personen und Einrichtungen auftreten.

Um in diesen Bereichen ein möglichst hohes Sicherheitsniveau zu gewährleisten, hat die EU-Kommission zwei Richtlinien ratifiziert, siehe Tab. 2.3.

In der „Produktvorschrift" wird beschrieben, welche Anforderungen an Geräte und Schutzsysteme durch den Hersteller (im Sinne der Harmonisierungsrechtsvorschriften) zu erfüllen sind. In der „Betreibervorschrift" wird beschrieben, wie die Sicherheit des Arbeitsplatzes durch den Betreiber zu gewährleisten ist. Dies erfolgt u. a. durch die Verwendung von Geräten und Schutzsystemen, die der korrespondierenden „Produktvorschrift" entsprechen.

## 2.4 Systematik der Prüfungen zu „Produkt- und Betreibervorschriften" (zur Produkt- und Arbeitssicherheit) am Beispiel Druckgeräte

Die Differenzierung von „Produktvorschrift" und „Betreibervorschrift" existiert auch bezüglich Druckgeräte:

- Die Produktsicherheit ist durch den Hersteller gemäß europäischer Richtlinie 2014/68/EU (DGRL, in Deutschland umgesetzt als 14. Verordnung zum Produktsicherheitsgesetz, 14. ProdSV) sicherzustellen.

**Tab. 2.3** Zusammenspiel von „Produkt- und Betreibervorschriften“ am Beispiel Explosionsschutz (vgl. [23, 24])

| „Produktvorschrift“ | „Betreibervorschrift“ |
|---|---|
| Richtlinie 2014/34/EU<br>zur Harmonisierung der Rechtsvorschriften der Mitgliedstaaten für Geräte und Schutzsysteme zur bestimmungsgemäßen Verwendung in explosionsgefährdeten Bereichen [26]. | Richtlinie 1999/92/EG<br>über Mindestvorschriften zur Verbesserung des Gesundheitsschutzes und der Sicherheit der Arbeitnehmer, die durch explosionsfähige Atmosphären gefährdet werden können [27]. |
| Die Durchführung einer „geeigneten Risikoanalyse und -bewertung“.<br>Die Richtlinie kategorisiert die Geräte in drei Gruppen, die der jeweiligen Stufe des verwendeten Schutzes entsprechen.<br>Diese genügen den Anforderungen von 1999/92/EG:<br>• Kategorie 1 – Sehr hohe Schutzanforderung<br>• Kategorie 2 – Hohe Schutzanforderung<br>• Kategorie 3 – Normale Schutzanforderung<br>Der Nummer der Kategorie folgt ein G („Gas“, Dampf/Nebel), wenn das Gerät zur Verwendung in Zone 0, 1 oder 2 vorgesehen ist, und ein D („Dust“ – Staub), wenn es in den Zonen 20, 21 oder 22 verwendet werden soll (Zoneneinteilung erfolgt nach Richtlinie 1999/92/EG). | Die Arbeitgeber haben eine Reihe von Pflichten zu erfüllen, die auf einer individuellen Einschätzung der jeweiligen Risiken basieren. Hierzu gehören:<br>1. Verhinderung der Bildung explosionsfähiger Atmosphären,<br>2. Vermeidung der Zündung explosionsfähiger Atmosphären und<br>3. Abschwächung der schädlichen Auswirkungen einer Explosion um die Gesundheit und Sicherheit der Arbeitnehmer zu gewährleisten.<br>4. Die Durchführung einer Risikobewertung.<br>5. Die Klassifikation der Arbeitsorte in Zonen, je nach Häufigkeit und Dauer des Vorhandenseins einer explosionsfähigen Atmosphäre.<br>6. Eine Markierung der Bereiche mit Schildern im Eingangsbereich.<br>7. Erstellung eines Explosionsschutzdokumentes<br>8. Die Auswahl von Geräten gemäß Richtlinie 2014/34/EU, entsprechend den Zonen der beabsichtigten Verwendung. |

- Druckgeräte im industriellen Einsatz sind Arbeitsmittel, die ein Arbeitgeber zur Verfügung stellt. Dementsprechend muss dieser die Arbeitssicherheit gemäß europäischer Vorgaben zum Arbeitsschutz sicherstellen (in Deutschland umgesetzt in der Betriebssicherheitsverordnung, BetrSichV).

Die entsprechende Systematik der Produktprüfung und Prüfung zum Arbeitsschutz zeigt die Abb. 2.5.

| | *Europa* | *National, Bsp. BRD* |
|---|---|---|
| | ***Beschaffenheit von Produkten*** | ***Betreiben von Arbeitsmittel*** |
| Vorschrift basiert auf | **Artikel 114 (95) [100a]<br>freier Warenverkehr** | **Artikel 153 (137) [118a]<br>Arbeitsschutz** |
| liegt in der Verantwortung des | **Hersteller** | **Betreiber** |
| die verantwortliche Prüfstelle ist | **notifizierte Stelle<br>(Notified Body, NoBo)** | **zugelassene Überwachungsstelle<br>(ZÜS)** |
| die verantwortliche Prüfstelle ist akkreditiert durch | **nationale Akkreditierungsstelle**<br>**Deutsche Akkreditierungsstelle (DAkkS)** | **Zentrale der Länder für<br>Sicherheitstechnik (ZLS)** |
| die verantwortliche Prüfstelle prüft | **Konformität des Produktes<br>(gem. EG-Richtlinie)<br>einmalig** | **Montage, Installation, Aufstellung und sichere Funktion (gem. BetrSichV)<br>einmalig / wiederkehrend** |
| und erstellt | **Konformitätsbescheinigung** | **gutachterliche Äußerung** |
| dies führt zu | **CE-Kennzeichen** | **Betriebserlaubnis** |

**Abb. 2.5** Systematik der Produktprüfung und Prüfung zum Arbeitsschutz

In der Projektabwicklung führt dieser Unterschied – gerade bei der Zuständigkeit hinsichtlich durchzuführender Prüfungen – immer wieder zu Diskussionen. Beispiel hierfür ist die Druckprüfung bei Druckgeräten: Diese ist sowohl eine in der DGRL vorgeschriebene Prüfung durch den Hersteller (im Sinne der Harmonisierungsrechtsvorschriften) als auch eine als Teil der BetrSichV vorgeschriebene Prüfung vor Inbetriebnahme durch den Betreiber.

Zu dieser Thematik ist es höchst ratsam, frühzeitig eine konkrete Abstimmung mit allen am Projekt Beteiligten, d. h. mit Kunde, Lieferanten, Montagedurchführenden und Prüforganisationen, herbeizuführen und dies vertragsähnlich zu fixieren.

## 2.5 Verantwortung der Anlagenplanung

Eine komplexe Industrieanlage stellt als Ganzes kein einzelnes „Produkt" dar (Erläuterungen hierzu siehe Abschn. 9), aber für einzelne Teile oder Teilbereiche einer komplexen Industrieanlage sind Produktvorschriften zu berücksichtigen.

Zusätzlich ist zu prüfen, ob eventuelle Einflüsse von Betreibervorschriften existieren oder sogar Aufgaben aus Betreibervorschriften (per Vertrag) übernommen werden sollen.

### 2.5.1 Verantwortung hinsichtlich Produktrichtlinien

Der Anlagenbauer muss natürlich darauf achten, dass die Produkte, bei denen er nicht Hersteller (im Sinne der Harmonisierungsrechtsvorschriften) ist, mit den vorgeschriebenen Dokumentationen beschafft werden. Des Weiteren sind Produktvorschriften zu erfüllen, wenn man zum Hersteller (im Sinne der Harmonisierungsrechtsvorschriften) wird.

#### 2.5.1.1 „Hersteller (im Sinne der Harmonisierungsrechtsvorschriften)"

Der Hersteller wurde im „Blue Guide" („Leitfaden für die Umsetzung der nach dem neuen Konzept und dem Gesamtkonzept verfassten Richtlinien", veröffentlicht 2000, derzeit letzte Aktualisierung: 2016) [28] folgendermaßen definiert: „Hersteller ist derjenige, der die Verantwortung für den Entwurf und die Herstellung eines Produktes trägt, das in seinem Namen in den Verkehr gebracht werden soll."

Aufgrund des hohen Diskussionspotenzials definierte die Richtlinie 2006/42/EG (Maschinenrichtlinie; Neufassung der Richtlinie 98/37/EG) dies nun genauer (sinngemäß): Hersteller ist derjenige, der konstruiert und/oder baut und für die Übereinstimmung mit der Richtlinie verantwortlich ist. Wenn kein Hersteller in diesem Sinne existiert, wird der als Hersteller betrachtet, der in Verkehr bringt oder in Betrieb nimmt (vgl. 2006/42/EG, Artikel 2 i). Die Quintessenz ist: Wenn vorher keiner die Verantwortung des Herstellers übernommen hat, ist es derjenige, der die Maschine als erster in Betrieb nimmt.

Der Gesetzgeber hat die grundsätzliche Herausforderung, eine umfassende und gleichzeitig genaue Definition aufzustellen. Aus diesem Grund ist die EU-Kommission bei einer allgemeinen Formulierung geblieben und definiert in der Verordnung Nr. 765/2008 einen Hersteller als „jede natürliche oder juristische Person, die ein Produkt herstellt bzw. entwickeln oder herstellen lässt und dieses Produkt unter ihrem eigenen Namen oder ihrer eigenen Marke vermarktet".

Es sind also frühzeitig mit allen am Projekt Beteiligten, d. h. mit Kunde, Lieferanten, Montagedurchführende und Prüforganisationen die jeweiligen Verantwortlichkeiten zu vereinbaren und vor allem, wer letztendlich als der Hersteller (und von welchem Produkt) auftritt.

#### 2.5.1.2 Anlagenbauer als „Hersteller (im Sinne der Harmonisierungsrechtsvorschriften)"

Im Anlagenbau hat sich inzwischen allgemein durchgesetzt, dass derjenige die Herstellerverantwortung übernimmt, der die Verantwortung für den Entwurf hat. Dieser hat nämlich den größten Einfluss auf das Gefahrenpotenzial und die Gefahren, die von seinem Produkt ausgehen. (Diese Auslegung folgt dem eigentlichen Gedanken des Gesetzgebers.)

Zum Beispiel wird ein Anlagenbauer dann zum Hersteller (im Sinne der Harmonisierungsrechtsvorschriften), wenn er:

- die Konstruktion von Druckgeräten (Rohrleitungen, Behälter) oder
- die Planung einer Baugruppe von Druckgeräten durchführt.
  Dann muss er die europäische Richtlinie 2014/68/EU (Druckgeräterichtlinie) berücksichtigen (hierzu mehr im Abschn. 7).

Oder wenn er:

- die Konstruktion einer Maschine oder
- die Planung einer „Gesamtheit von Maschinen“ durchführt.
  Dann muss er die europäische Richtlinie 2006/42/EG (Maschinenrichtlinie) berücksichtigen (hierzu mehr im Abschn. 8).

Oder wenn er:

- Teile einer Baugruppe bei verschiedenen Lieferanten bezieht und versäumt, den Hersteller (im Sinne der Harmonisierungsrechtsvorschriften) für die Baugruppe zu bestimmen. In Ermangelung eines „offiziell auftretenden“ Herstellers wird der Anlagenbauer als Inverkehrbringer automatisch zum Hersteller (im Sinne der Harmonisierungsrechtsvorschriften) der Baugruppe.
  Eine in der Praxis häufig bestehende Lücke, die selten geschlossen wird, auch wenn sie erkannt wurde.
  Vergleich hierzu auch Abschn. 9.

Weitere Herstellerverantwortungen von Anlagenbauern sind zwar eher unüblich, können aber entstehen, z. B. bei:

- Bauprodukten
- Baugruppen zu Verwendung in explosionsgefährdeten Bereichen.

#### 2.5.1.3 Grundsätzlicher Ablauf zur Erfüllung von Produktvorschriften

Als aller erstes ist das Produkt bzw. die Baugruppe zu definieren!

Der grundsätzliche Ablauf zur Erfüllung von Produktrichtlinien besteht dann aus (vgl. [29]):

- Richtlinienrecherche,
- Normenrecherche.

Im Weiteren, entsprechend den Regelungen der Produktrichtlinie:

- Gefahrenanalyse (z. B. gefordert in der Richtlinie 2014/68/EU (Druckgeräterichtlinie) (hierzu mehr im Abschn. 7.1) oder
- Risikobeurteilung (z. B. gefordert in der Richtlinie 2006/42/EG (Maschinenrichtlinie) (hierzu mehr im Abschn. 8.3.3)),
- Erstellung der geforderten technischen Unterlagen,
- ggf. Prüfung durch Notifizierte Stelle,
- Erstellung der Konformitätserklärung und
- CE-Kennzeichnung.

### 2.5.2 Verantwortung hinsichtlich Betreibervorschriften

Pflichten des Betreibers bleiben in dessen Verantwortung, auch wenn Aufgaben delegiert werden. Dies gilt auch für Tätigkeiten, die zu Recht beim Anlagenbauer angesiedelt werden. Ein Beispiel hierfür ist der „Ex-Zonen-Plan" gem. Richtlinie 1999/92/EG:

Zu den Pflichten des Betreibers gehört die Erstellung und Verwaltung eines „Dokumentes zum Explosionsschutz" (siehe Tab. 2.3, rechte Spalte, Punkt 5). Einen wichtigen Bestandteil davon bildet der Ex-Zonen-Plan. Derjenige, der über die nötigen Kenntnisse verfügt und die Klassifikation der Ex-Zonen vornehmen sollte, ist aber sicherlich der Anlagenbauer. Dieser benötigt die Ergebnisse u. a. für die Bestellung entsprechender Ausrüstungsteile und für die sichere Ausführung von elektrotechnischer Planung (z. B. Blitzschutz).

Der Anlagenbauer ist weder verantwortlich für die Erfüllung der Richtlinie 2014/34/EU (Produktvorschrift zum Explosionsschutz), noch richtet sich die Richtlinie 1999/92/EG (Betreibervorschrift zum Explosionsschutz) an ihn. Für den sicheren Betrieb der Anlage muss er aber die bestehenden Anforderungen zum Explosionsschutz eruieren und erfüllen.

Auch zu dieser Thematik ist es wieder einmal höchst ratsam, frühzeitig eine konkrete Abstimmung mit allen am Projekt Beteiligten, d. h. mit Kunde, Lieferanten, Montagedurchführenden und Prüforganisationen, herbeizuführen und dies vertragsähnlich zu fixieren.

## 2.6 Zusammenspiel von Produktrichtlinien und Normen auf europäischer Ebene

### 2.6.1 Grundlagen

Die Vorgaben der EU haben sich in 3 Schritten entwickelt:

- 1985: New Approach (Neue Konzeption)
- 1993: Global Approach (Gesamtkonzept zur Konformitätsbewertung)
- 2008: New Legislation Framework (Neue Rechtsrahmen) [vgl. https://single-market-economy.ec.europa.eu/single-market/goods/new-legislative-framework_en].

#### 2.6.1.1 New Approach (Neue Konzeption)

Im Zuge der Harmonisierung der technischen Anforderungen in den EU-Mitgliedstaaten hat der europäische Rat im Jahr 1985 eine neue ordnungspolitische Verfahrensweise und Strategie festgelegt, die unter dem Begriff „New Approach" (deutsch „Neue Konzeption") geführt wird. Nur mit Hilfe dieses Konzeptes konnte es gelingen, bis zum 31. Dezember 1992 den Binnenmarkt zu errichten.

Der New Approach enthält die folgenden Grundsätze:

- Die Harmonisierung der Rechtsvorschriften beschränkt sich darauf, grundlegende Sicherheits- und Gesundheitsanforderungen an Produkte, die in der Gemeinschaft in Verkehr gebracht werden, auf hohem Schutzniveau in Richtlinien zu definieren. Diese Richtlinien sind an die EU-Mitgliedstaaten gerichtet und müssen in nationales Recht umgesetzt werden.
- Die technischen Details zur Konkretisierung dieser grundlegenden Anforderungen werden je nach Zuständigkeit von den europäischen Normungsinstituten in Form Europäischer Normen erarbeitet, und zwar aufgrund eines Mandates bzw. Normungsauftrages der EU bzw. EFTA (European Free Trade

Association). In diesen „harmonisierten Normen“ werden die technischen Spezifikationen für die Produkte festgelegt, welche (die in den Richtlinien enthaltenen) grundlegenden Anforderungen erfüllen. Diese Europäischen Normen werden in jedem EU- und EFTA-Land als nationale Normen umgesetzt.
Dem Hersteller bleibt es überlassen, ob er die harmonisierten Normen anwendet. Es liegt in seinem Ermessen, auch andere technische Spezifikationen zu benutzen, um den grundlegenden Anforderungen zu entsprechen. Es ist also grundsätzlich möglich, das von der Richtlinie geforderte Sicherheitsniveau auch auf andere Weise zu gewährleisten.

- Es wird davon ausgegangen, dass bei Produkten, die nach harmonisierten Normen hergestellt werden, die entsprechenden grundlegenden Anforderungen erfüllt werden (sogenannte Konformitätsvermutung).

#### 2.6.1.2 Global Approach (Gesamtkonzept zur Konformitätsbewertung)

1993 wurde der „Global Approach“ vom Europäischen Rat eingeführt, um den Richtlinien des „New Approach“ im Konformitätsbewertungsverfahren eine einheitliche Struktur zu geben. Das Gesamtkonzept beinhaltet im Wesentlichen verschiedene Module, aus denen verschiedene Formen des Konformitätsbewertungsverfahrens gebildet werden können. Einige Module kann der Hersteller eigenverantwortlich und eigenständig durchführen, andere erfordern die Einschaltung einer „Notifizierten Stelle“ mit Prüf- und Überwachungsaufgaben.

Die Produktvorschriften übernehmen diese Module (ggf. mit geringen Abweichungen) und legen jeweils für bestimmte Produktarten fest, welche der Verfahren dem Hersteller zur Wahl stehen. Die prinzipiellen Module zeigt die Abb. 2.6 und eine Kurzbeschreibung gibt die Tab. 2.4.

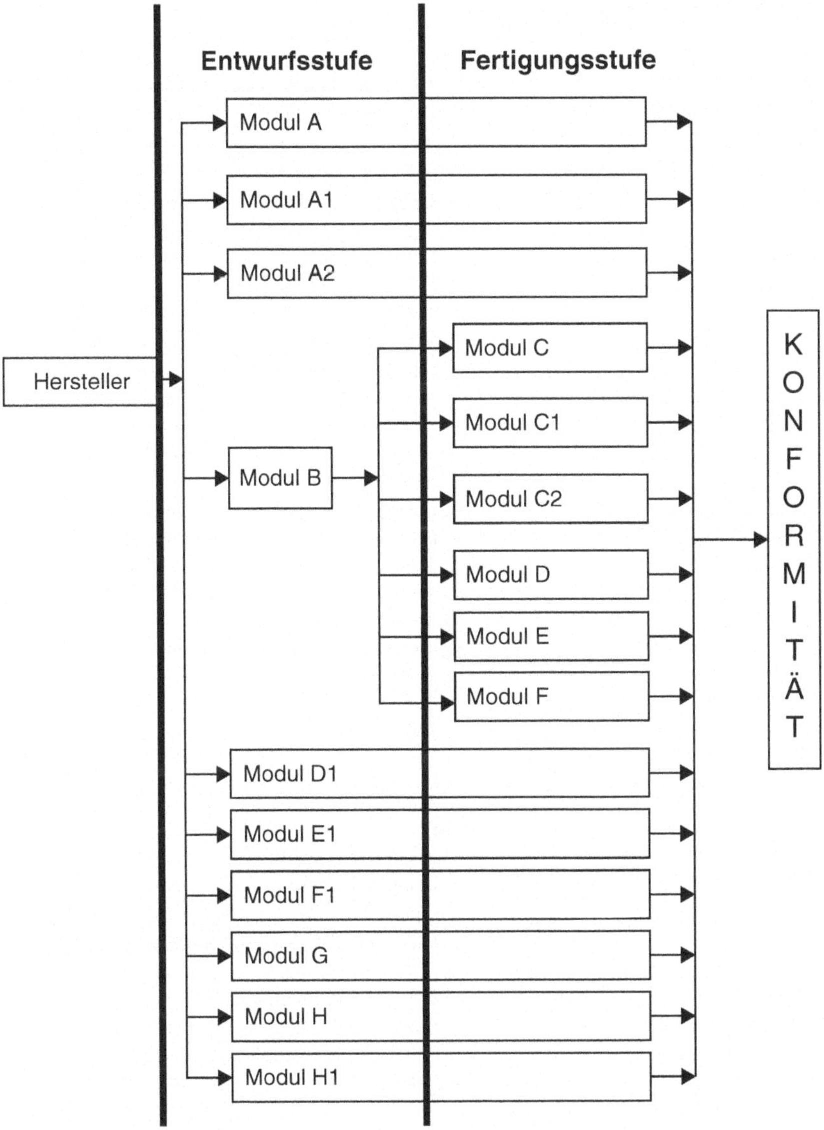


**Abb. 2.6** Modulübersicht [28]

**Tab. 2.4** Kurzbeschreibung der Grundmodule [28]

| Module | Beschreibung |
|---|---|
| A<br>Interne Fertigungs-kontrolle | **Umfasst sowohl Entwurf als auch Fertigung.**<br>Der Hersteller selbst gewährleistet die Konformität der Produkte mit den rechtlichen Anforderungen (keine EU-Baumusterprüfung). |
| **A1**<br>Interne Fertigungskontrolle mit überwachten Produktprüfungen | **Umfasst sowohl Entwurf als auch Fertigung.**<br>A + Prüfungen bestimmter Aspekte des Produkts, die von einer akkreditierten internen Stelle durchgeführt oder vom Hersteller an eine von ihm gewählte notifizierten Stelle übertragen werden. |
| **A2**<br>Interne Fertigungskontrolle mit überwachten Produktprüfungen in unregelmäßigen Abständen | **Umfasst sowohl Entwurf als auch Fertigung.**<br>A + Fertigungskontrollen in unregelmäßigen Abständen, die von einer notifizierten Stelle oder einer akkreditierten internen Stelle durchgeführt werden. |
| B<br>EU-Baumusterprüfung | **Umfasst den Entwurf.**<br>Danach folgen stets andere Module, mit denen die Übereinstimmung der Produkte mit dem zugelassenen EU-Baumuster nachgewiesen wird.<br>Eine notifizierte Stelle untersucht den technischen Entwurf und/oder die Muster einer Bauart und prüft und bescheinigt durch Ausstellung der EU-Baumusterprüfbescheinigung, dass für das Produkt Übereinstimmung mit den geltenden Anforderungen der Rechtsvorschrift besteht.<br>Eine EU-Baumusterprüfung kann auf dreierlei Art und Weise durchgeführt werden: 1) Baumuster, 2) Kombination aus Bau- und Entwurfsmuster sowie 3) Entwurfsmuster. |
| C<br>Konformität mit dem EU-Baumuster auf der Grundlage einer internen Fertigungskontrolle | **Umfasst Fertigung und folgt auf Modul B.**<br>Der Hersteller muss eine interne Fertigungskontrolle durchführen, um die Konformität seines Produkts mit dem nach Modul B genehmigten EU-Baumuster sicherzustellen. |

(Fortsetzung)

**Tab. 2.4** (Fortsetzung)

| Module | Beschreibung |
|---|---|
| **C1**<br>Konformität mit dem EU-Baumuster auf der Grundlage einer internen Fertigungskontrolle plus überwachten Produktprüfungen | **Umfasst Fertigung und folgt auf Modul B.**<br>Der Hersteller muss eine interne Fertigungskontrolle durchführen, um die Konformität seines Produkts mit dem nach Modul B genehmigten EU-Baumuster sicherzustellen.<br>C + Prüfungen von bestimmten Aspekten des Produkts, die von einer akkreditierten internen Stelle durchgeführt oder vom Hersteller an eine von ihm gewählte notifizierten Stelle übertragen werden (*). |
| **C2**<br>Konformität mit dem EU-Baumuster auf der Grundlage der internen Fertigungskontrolle plus überwachte Produktprüfungen in unregelmäßigen Abständen | **Umfasst Fertigung und folgt auf Modul B.**<br>Der Hersteller muss eine interne Fertigungskontrolle durchführen, um die Konformität seines Produkts mit dem nach Modul B genehmigten EU-Baumuster sicherzustellen.<br>C + Produktprüfungen in unregelmäßigen Abständen mit Prüfung bestimmter Aspekte des Produkts, durchgeführt von einer notifizierten Stelle oder einer akkreditierten internen Stelle. |
| **D**<br>Konformität mit dem EU-Baumuster auf der Grundlage einer Qualitätssicherung bezogen auf den Produktionsprozess | **Umfasst Fertigung und folgt auf Modul B.**<br>Der Hersteller betreibt ein Qualitätssicherungssystem für die Produktion (Fertigungsbereich und Endabnahme), um die Konformität mit dem EU-Baumuster zu gewährleisten. Die notifizierte Stelle bewertet das Qualitätssicherungssystem. |
| **D1**<br>Qualitätssicherung bezogen auf den Produktionsprozess | **Umfasst sowohl Entwurf als auch Fertigung.**<br>Der Hersteller betreibt ein Qualitätssicherungssystem für die Produktion (Fertigungsbereich und Endabnahme), um die Konformität mit rechtlichen Anforderungen zu gewährleisten (kein EU-Baumuster, verwendet wie D ohne Modul B).<br>Die notifizierte Stelle bewertet das Qualitätssicherungssystem für die Produktion (Fertigungsbereich und Endabnahme). |

(Fortsetzung)

**Tab. 2.4** (Fortsetzung)

| Module | Beschreibung |
|---|---|
| **E**<br>Konformität mit dem EU-Baumuster auf der Grundlage der Qualitätssicherung bezogen auf das Produkt | **Umfasst sowohl Entwurf als auch Fertigung.**<br>Der Hersteller betreibt ein System zur Sicherung der Produktqualität (= Produktionsqualität ohne den Fertigungsbereich) für die Endabnahme und Prüfung, um die Erfüllung der rechtlichen Anforderungen zu gewährleisten (kein Modul B (EU-Baumuster), verwendet wie E ohne Modul B). Die notifizierte Stelle bewertet das Qualitätssicherungssystem.<br>Das Modul E1 beruht auf einem ähnlichen Grundgedanken wie Modul D1:<br>Beide basieren auf einem Qualitätssicherungssystem. Der Unterschied besteht darin, dass das Qualitätssicherungssystem bei Modul E1 der Sicherung der Qualität des Endprodukts dient, während das Qualitätssicherungssystem von Modul D1 auf die Sicherung der Qualität des gesamten Produktionsprozesses abzielt (der den Fertigungsbereich und die Endabnahme umfasst). Somit entspricht E1 dem Modul D1 ohne die Vorschriften zum Herstellungsprozess. |
| **F**<br>Konformität mit dem EU-Baumuster auf der Grundlage einer Produktprüfung | **Umfasst Fertigung und folgt auf Modul B.**<br>Der Hersteller gewährleistet die Konformität der hergestellten Produkte mit dem zugelassenen EU-Baumuster. Die notifizierte Stelle führt die Produktprüfungen durch (Test jedes einzelnen Produkts oder statistische Prüfungen), um die Konformität der Produkte mit dem EU-Baumuster zu kontrollieren.<br>Modul F entspricht C2, doch nimmt die notifizierte Stelle systematischere Produktprüfungen vor. |

(Fortsetzung)

**Tab. 2.4** (Fortsetzung)

| Module | Beschreibung |
|---|---|
| **F1**<br>Konformität auf der Grundlage einer Prüfung der Produkte | **Umfasst sowohl Entwurf als auch Fertigung.** Der Hersteller gewährleistet die Konformität der hergestellten Produkte mit den rechtlichen Anforderungen. Die notifizierte Stelle führt die Produktprüfungen durch (Test jedes einzelnen Produkts oder statistische Prüfungen), um die Konformität der Produkte mit den rechtlichen Anforderungen zu kontrollieren (kein EU-Baumuster, verwendet wie F ohne Modul B). Das Modul F1 entspricht A2, doch nimmt die notifizierte Stelle eingehendere Produktprüfungen vor. |
| **G**<br>Konformität auf der Grundlage einer Einzelprüfung | **Umfasst sowohl Entwurf als auch Fertigung.** Der Hersteller gewährleistet die Konformität der hergestellten Produkte mit den rechtlichen Anforderungen. Die notifizierte Stelle prüft dazu jedes einzelne Produkt (kein EU-Baumuster). |

(Fortsetzung)

**Tab. 2.4** (Fortsetzung)

| Module | Beschreibung |
|---|---|
| **H**<br>Konformität auf der Grundlage einer umfassenden Qualitätssicherung | **Umfasst sowohl Entwurf als auch Fertigung.**<br>Der Hersteller betreibt ein umfassendes Qualitätssicherungssystem, um die Einhaltung der rechtlichen Anforderungen zu gewährleisten (kein EU-Baumuster).<br>Die notifizierte Stelle bewertet das Qualitätssicherungssystem. |
| **H1**<br>Konformität auf der Grundlage einer umfassenden Qualitätssicherung mit Entwurfsprüfung | **Umfasst sowohl Entwurf als auch Fertigung.**<br>Der Hersteller betreibt ein umfassendes Qualitätssicherungssystem, um die Einhaltung der rechtlichen Anforderungen zu gewährleisten (kein EU-Baumuster).<br>Die notifizierte Stelle bewertet das Qualitätssicherungssystem und den Produktentwurf und stellt eine EU-Entwurfsprüfbescheinigung aus.<br>Das Modul H1 sieht gegenüber dem Modul H zusätzlich vor, dass die notifizierte Stelle eine eingehendere Prüfung des Produktentwurfs vornimmt.<br>Die EU-Entwurfsprüfbescheinigung darf nicht mit der EU-Baumusterprüfbescheinigung von Modul B verwechselt werden, die die Konformität eines „für die geplante Produktion repräsentativen“ Musters bescheinigt, sodass die Konformität der Produkte anhand dieses Musters geprüft werden kann. Bei der EU-Entwurfsprüfbescheinigung von Modul H1 gibt es keine derartigen Muster. Mit ihr wird bestätigt, dass die Konformität des Produktentwurfs von einer notifizierten Stelle geprüft und bescheinigt worden ist. |

(*) Der Gesetzgeber kann die Wahl des Herstellers einschränken

#### 2.6.1.3 New Legislation Framework (Neue Rechtsrahmen)

Seit 2008 vereint das „New Legislative Framework" (NLF) den New Approach und Global Approach.

Die Festlegungen des NLF passen das gesetzliche Rahmenwerk für das Inverkehrbringen der Produkte im europäischen Binnenmarkt an heutige Gegebenheiten an und stärken die Bedeutung der CE-Kennzeichnung. Sie verbessern die Konformitätsbewertungsmethoden und stärken die Marktüberwachung. Auch die „Akkreditierungslandschaft" wurde neu geregelt und es gibt in jedem EU-Land nur noch eine Akkreditierungsstelle. In Deutschland ist dies die Deutsche Akkreditierungsstelle (DAkkS). Das NLF umfasst folgende Verordnungen:

- 764/2008/EG Festlegung von Verfahren nationaler technischer Vorschriften für Produkte
- 765/2008/EG Vorschriften für die Akkreditierung und Marktüberwachung
- 768/2008/EG Gemeinsamer Rechtsrahmen für die Vermarktung von Produkten

Durch das NLF sind Akkreditierungen nur in den Ländern möglich, in denen ein Prüfhaus niedergelassen ist. Vorher konnten verschiedene Labore einer Firma unter einer EU-Akkreditierung zusammengefasst werden.

Eine weitere Veränderung ist die Möglichkeit von lokalisierten, d. h. an die jeweilige Landessprache angepassten EU-Konformitätserklärungen, welche das Rahmenwerk NLF erlaubt. Bisher waren Konformitätserklärungen in einer EU-Amtssprache (z. B. in Englisch) ausreichend. Nun besteht die Möglichkeit, dass eine Produktvorschrift nach der Überarbeitung und deren nationaler Umsetzung eine lokalisierte EU-Konformitätserklärung vorschreibt.

### 2.6.2 Harmonisierungsrechtsvorschriften der EU und Normung

Normung (auch auf europäischer Ebene) ist ein Stück Selbstverwaltung der Wirtschaft. Durch ihre Normungsaktivitäten entlastet die Wirtschaft den Staat von der Regelsetzung und stellt gleichzeitig sicher, dass der „Stand der Technik" in Normen widergespiegelt ist. Der Staat hat insbesondere dort ein Interesse an der Normung, wo es um die öffentliche Ordnung geht, z. B. in den Bereichen Arbeits- und Gesundheitsschutz.

Im Rahmen der Harmonisierungsrechtsvorschriften der EU werden daher von der Europäischen Kommission Aufträge für konkrete Normungsvorhaben vergeben und projektbezogene Mittel zur Verfügung gestellt (siehe Abb. 2.7).

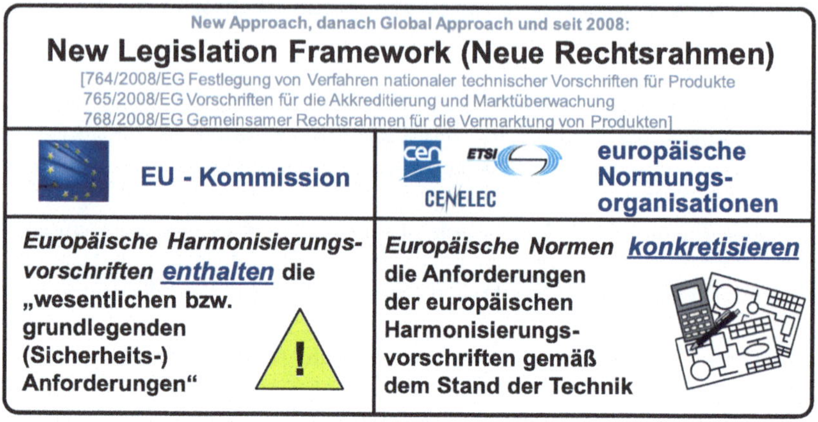


**Abb. 2.7** Zusammenspiel von Harmonisierungsrechtsvorschriften und Normen auf europäischer Ebene

## 2.7 Überblick über die rechtliche Situation in anderen Ländern

Um einen Zugang zu den Philosophien bzw. dem Zusammenspiel zwischen Gesetzen und Normen in anderen Ländern zu bekommen, empfiehlt es sich, einen Blick auf die entsprechende Rechtskultur zu werfen.

Auf Grund der ständigen Veränderungen und häufig bestehenden Mischformen innerhalb der Rechtsmaterien, ist der Versuch einer generellen Einteilung der Rechtsordnungen eher als rein wissenschaftlich anzusehen. Eine häufig verwendete, grobe Einteilung sei hier zur Information aufgeführt:

1. **Civil Law im Kontinentaleuropäischen Rechtskreis**
   1.1 Romanischer Rechtskreis
   (z. B. Frankreich, Italien, Spanien, Portugal, Benelux-Staaten)
   1.2 Deutscher (oder auch germanischer) Rechtskreis
   (z. B. Deutschland, Österreich, Liechtenstein, Schweiz, Türkei, Südkorea, Thailand, China, Japan)
   1.3 Nordischer (oder auch skandinavischer) Rechtskreis
   z. B. Dänemark, Schweden, Norwegen, Island, Finnland)
2. **Common Law im Anglo-amerikanischen (oder auch angelsächsischen) Rechtskreis**

USA, Großbritannien, Kanada, Australien, Indien, Neu-Seeland

3. **Sonstige Rechtskreise**
   3.1 Islamisches Recht
   3.2 Hindu-Recht
   3.3 Stammesrechte
   3.4 Sozialistischer Rechtskreis:
   (z. B. Kuba, Weißrussland, Nord-Korea)

In der westlichen Welt dominieren also vor allem zwei Rechtskreise, die sich in ihrer traditionellen Denkweise wesentlich unterscheiden: das „Civil Law" und das „Common Law".

Rechtsquelle für richterliche Urteile ist im „Civil Law" das kodifizierte Recht („Statutory Law").

In diesen Rechtssystemen werden Gesetze durch die Gerichte auf den jeweiligen Fall angewandt und ausgelegt. Die Gerichte haben sich an den Gesetzestext und Willen des Gesetzgebers zu halten. Dies ist darauf zurückzuführen, dass hier die Legislative als einzige Quelle des Rechts angesehen wird.

**Hier schließen Juristen einen Schluss vom Allgemeinen auf das Besondere.**
Rechtsquelle für richterliche Urteile im „Common Law" ist die Rechtsprechung.

Diese Rechtssysteme bestehen aus vielen Einzelentscheidungen, welche durch Gerichte im jeweiligen Fall systematisch aufgearbeitet werden. Es handelt sich um Recht, das sich aus der ständigen Praxis der Gerichte entwickelt hat, weshalb es vielfach auch als „Case Law" bzw. „Fallrecht" bezeichnet wird.

**Hier arbeiten sich Juristen von Fall zu Fall, d. h. vom Besonderen zum Besonderen.**
Vorschriften zur Produktsicherheit existieren in den meisten Ländern der Welt. Die Form der Vorschriften ist passend zum jeweils rechtlichen und kulturellen Umfeld gestaltet. Die Spanne reicht hierbei von Empfehlungen von eher unverbindlicher Qualität bis zu zwingenden Gesetzen.

Auch die Instanzen, welche deren Einhaltung gewährleisten, sind durchaus unterschiedlich. In einigen Ländern genügt eine Selbstzertifizierung, anderswo führen wirtschaftliche Institutionen Prüfungen nach eigenen Regeln durch. In anderen Teilen übernehmen von staatlicher Seite autorisierte Institutionen die Zertifizierung.

In allen Ländern bestehen Technische Regelungen als eine Mischung von Gesetzen, Normen und weiteren Standards.

Mit Hauptaugenmerk auf die Maschinen- und Anlagensicherheit folgt nun ein kurzer Überblick über die Situation in anderen Ländern. Dieser ersetzt natürlich nicht die Analyse der am Anlagenstandort geltenden und zu berücksichtigenden technischen Regelwerke!

### 2.7.1 USA

In den USA besitzt der Bund nur eine relativ schmale Gesetzgebungskompetenz. Die Masse des Zivil- und Strafrechts fällt in die Kompetenz der Einzelstaaten.

Durch lokale Regierungsstellen werden Einhaltung und Durchsetzung von einzuhaltenden Codes hoheitlich überwacht. Dies sind insbesondere der Fire Code (NFPA, National Fire Protection Association) und der elektrische Code (NEC, National Electrical Code).

Des Weiteren ist die Einhaltung von OSHA-Standards (Occupational Safety & Health Administration) vorgeschrieben, welche von staatlicher (föderaler) Seite herausgegeben werden. Diese enthalten technische Beschaffenheitsanforderungen und auch (z. T. datierte) Verweise zu Produktstandards. OSHA-Standards richten sich an den Arbeitgeber (oder allgemeiner: den Käufer oder Eigentümer). In den USA hat also der Käufer die Einhaltung der OSHA-Standards einzufordern.

In einigen US-Bundesstaaten gibt es bundesstaatliche Organisationen, welche die Aufgaben der föderalen OSHA wahrnehmen und gleichwertige oder schärfere Anforderungen durchsetzen. Im Falle eines Unfalls ist es üblich, dass OSHA-Inspektoren involviert werden. Falls dann festgestellt wird, dass „freiwillige“ Produktstandards nicht berücksichtigt wurden, können OSHA-Bußgelder höher ausfallen. Auch im Falle von zivilrechtlichen Verfahren können die Strafen höher ausfallen.

Da die USA zum Rechtskreis des „Common Law“ gehören, sind in Gesetzen und technischen Regelwerken häufig Sachverhalte beschrieben, die es zu vermeiden gilt.

### 2.7.2 Armenien, Belarus, Kasachstan, Kirgisistan und Russland

Im Nordosten Eurasiens haben sich Armenien, Belarus, Kasachstan, Kirgisistan und Russland zu einer Wirtschafts- und Zollunion zusammengeschlossen. In der englischen Version der offiziellen Website wird die Bezeichnung „Eurasian Economic Union“ (EAEU) genutzt.

Russland und Staaten der GUS hatten die GOST-R-Zertifizierung implementiert. Dies bedeutet, dass technische Geräte ein bestimmtes Zertifizierungsverfahren durchlaufen mussten. Auch europäische Prüfstellen durften Baumusterprüfungen durchführen, die von der in Russland ansässigen Zulassungsstelle anerkannt wurden.

Durch Reformen wurden neue „technische Regelwerke“ (TR) und die TR-Zertifizierung eingeführt. Diese wurde für die EAEU ausgeweitet in „technische Regelwerke für die Zollunion“ (TR ZU) und entsprechend TR ZU Zertifizierung, oder auch EAC Zertifizierung. In der derzeitigen Übergangszeit gelten für einige bereits TR ZU, für die anderen aber noch die TR oder Nationale Standards der einzelnen Mitgliedsländer.

### 2.7.3 China

China hat die sogenannte CCC-Zertifizierung (China Compulsory Certificate) eingeführt. Ähnlich wie in Russland besteht dort eine Zertifizierungspflicht für technische Produkte durch eine nationale Prüfstelle – hinzu kommt der Besuch der Fertigungsstätten. Für nicht zertifizierungspflichtige Produkte ist eine Art „Unbedenklichkeitserklärung“ einer nationalen Prüfstelle mitzuliefern.

## Literatur

1. File:Supranational European Bodies-de.svg https://commons.wikimedia.org/wiki/File:Supranational_European_Bodies-de.svg
2. Europarecht https://de.wikipedia.org/wiki/Europarecht (Bearbeitungsstand: 13. Januar 2023 Uhr)
3. Herdegen, Europarecht, 13. Aufl., München 2011, S. 1, Rn 1
4. EU-Verträge https://europa.eu/european-union/law/treaties_de (Bearbeitungsstand: 13. Januar 2023)
5. Vertrag über die Arbeitsweise der Europäischen Union,..., Art. 288 (ex-Artikel 249 EGV) http://dejure.org/gesetze/AEUV/288.html (Bearbeitungsstand: 13. Januar 2023)
6. Europäische Union http://de.wikipedia.org/wiki/Europ%C3%A4ische_Union (Bearbeitungsstand: 13. Januar 2023)
7. „Europa in 12 Lektionen“, Veröffentlicht am 2019-08-29, Korporative Verfasser: Generaldirektion Kommunikation (Europäische Kommission), Persönliche Verfasser: Fontaine, Pascal, kostenloser Download (24 Sprachen verfügbar) https://op.europa.eu/de/publication-detail/-/publication/a5ba73c6-3c6a-11e8-b5fe-01aa75ed71a1
8. Arten von EU-Rechtsvorschriften https://ec.europa.eu/info/law/law-making-process/types-eu-law_de (Bearbeitungsstand: 13. Januar 2023)

9. Verordnungen, Richtlinien und sonstige Rechtsakte https://europa.eu/european-union/law/legal-acts_de (Bearbeitungsstand: 13. Januar 2023)
10. Verorduung (EU) 2016/425: ABl. L 81 vom 31.3.2016, S. 51–98: https://eur-lex.europa.eu/legal-content/DE/TXT/PDF/?uri=CELEX:32016R0425&from=DE
11. Richtlinie 2014/68/EU: ABl. L 189 vom 27.6.2014, S. 164–259: https://eur-lex.europa.eu/legal-content/DE/TXT/PDF/?uri=CELEX:32014L0068&from=DE
12. Richtlinie 2006/42/EG: ABl. L 157 vom 9.6.2006, S. 24–86: https://eur-lex.europa.eu/legal-content/DE/TXT/PDF/?uri=CELEX:32006L0042&from=DE
13. Beschluss Nr. 768/2008/EG: ABl. L 218 vom 13.8.2008, S. 82]: https://eur-lex.europa.eu/legal-content/DE/TXT/PDF/?uri=CELEX:32008D0768&from=de
14. Empfehlung der Kommission vom 26. Mai 2008: ABl. L 216 vom 12.8.2008, S. 1–42: https://eur-lex.europa.eu/LexUriServ/LexUriServ.do?uri=OJ:L:2008:216:0001:0042:DE:PDF
15. Stellungnahme des Europäischen Wirtschafts- und Sozialausschusses (2009C 27/09): ABl. C 27 vom 3.2.2009, S. 41.: https://eur-lex.europa.eu/LexUriServ/LexUriServ.do?uri=OJ:C:2009:027:0041:0041:DE:PDF
16. European Commission/Internal Market, Industry, Entrepreneurship and SMEs/Single Market and Standards/Tools and Databases/Notified bodies Nando/Legislation: https://ec.europa.eu/growth/tools-databases/nando/index.cfm?fuseaction=directive.main (Bearbeitungsstand: 13. Januar 2023)
17. European Commission/Internal Market, Industry, Entrepreneurship and SMEs/Single market and standards/Single market for goods/New legislative framework https://single-market-economy.ec.europa.eu/single-market/goods/new-legislative-framework_en (Bearbeitungsstand: 13. Januar 2023)
18. Leitfaden für die Anwendung der Maschinenrichtlinie 2006/42/EG Auflage 2.2 – Oktober 2019 https://www.bmas.de/SharedDocs/Downloads/DE/Arbeitsschutz/leitfaden-fuer-anwendung-maschinenrichtlinie-2006-42-eg.html (Aktualisierung der 2. Auflage)
19. „Rechtskonformes Inverkehrbringen von Produkten – In 10 Schritten zur Konformitätserklärung", Michael Loerzer, Peter Buck, Andreas Schwabedissen, 1. Auflage 2013, Herausgeber: DIN, zu beziehen über Beuth Verlag GmbH, ISBN 978-3-410-21187-7
20. „Produktkonformität und CE-Kennzeichen – Wer ist im Unternehmen verantwortlich?", Mario Schacht, Michael Loerzer, Roy Müller, 2. Auflage 2012, Herausgeber: DIN, zu beziehen über Beuth Verlag GmbH, ISBN 978-3-410-21877-7
21. CE-Kennzeichnung https://de.wikipedia.org/wiki/CE-Kennzeichnung (Bearbeitungsstand: 13. Januar 2023 2020)
22. Europäische Kommission/Binnenmarkt, Industrie, Unternehmertum und KMU/The European single market/CE marking/Binnenmarkt, Industrie, Unternehmertum und KMU/CE marking: https://ec.europa.eu/growth/single-market/ce-marking_de (Bearbeitungsstand: 13. Januar 2023)
23. BDI, Arbeitsschutz – Das Recht des technischen Arbeitsschutzes, Januar 2020: https://bdi.eu/media/themenfelder/umwelt/publikationen/Arbeitsschutzbroschuere_Januar_2020.pdf
24. BAUA: Geschäftsführung von Ausschüssen https://www.baua.de/DE/Aufgaben/Geschaeftsfuehrung-von-Ausschuessen/Geschaeftsfuehrung-von-Ausschuessen_node.html (Bearbeitungsstand: 13. Januar 2023)

25. Sicherheit und Gesundheitsschutz am Arbeitsplatz https://eur-lex.europa.eu/summary/chapter/1716.html (Bearbeitungsstand: 13. Januar 2023)
26. Richtlinie 2014/34/EU: https://eur-lex.europa.eu/legal-content/DE/TXT/PDF/?uri=CELEX:32014L0034&from=DE
27. Richtlinie 1999/92/EG: https://eur-lex.europa.eu/legal-content/DE/TXT/PDF/?uri=CELEX:31999L0092&from=DE
28. Bekanntmachung der Kommission – Leitfaden für die Umsetzung der Produktvorschriften der EU 2016 ABl. C 272 vom 26.7.2016, S. 1–149: https://eur-lex.europa.eu/legal-content/DE/TXT/PDF/?uri=CELEX:52016XC0726(02)&from=DE
29. Europäische Kommission/Binnenmarkt, Industrie, Unternehmertum und KMU/The European single market/CE marking/Manufacturers. https://ec.europa.eu/growth/single-market/ce-marking/manufacturers_de (Bearbeitungsstand: 13. Januar 2023)

# Normung

# 3

## 3.1 Motivation der Normung

Seitens der Normungsorganisationen wird „Normung“ definiert als

> *„Normungsarbeit, Tätigkeit zur Erstellung von Festlegungen für die allgemeine und wiederkehrende Anwendung, die auf aktuelle oder absehbare Probleme Bezug haben und die Erzielung eines optimalen Ordnungsgrades in einem gegebenen Zusammenhang anstreben.*
>
> *ANMERKUNG 1 Diese Tätigkeit besteht im Besonderen aus den Vorgängen zur Formulierung, Herausgabe und Anwendung von Normen.*
>
> *ANMERKUNG 2 Wichtige Vorteile der Normung(sarbeit) sind die Verbesserung der Eignung von Produkten, Prozessen und Dienstleistungen für ihren geplanten Zweck, die Vermeidung von Handelshemmnissen und die Erleichterung der technischen Zusammenarbeit.“ [DIN EN 45020, Abschn. 1.1]*

Darüber hinaus wird in DIN EN 45020, Abschn. 2 zu Zielen der Normung definiert:

> *„Die Normung kann ein oder mehrere besondere Ziele verfolgen, um ein Produkt, ein Prozess oder eine Dienstleistung zweckdienlich zu gestalten. Solche Ziele können Begrenzung der Vielfalt, Zweckdienlichkeit, Kompatibilität, Austauschbarkeit, Gesundheit, Sicherheit, Umweltschutz, Schutz des Erzeugnisses, gegenseitige Verständigung, wirtschaftliche Ausführung oder Handel sein, sind aber nicht darauf beschränkt. Sie können sich überschneiden.“*

Die Normung stellt also durch Vereinheitlichung eine zweckdienliche Ordnung, z. B. von Erzeugnissen und Verfahren, her. Sie legt die Form, Größe und Ausführung gleichartiger Erzeugnisse fest, sodass genormte Teile ausgetauscht werden



W. Fellner, *Normung für alle*,
https://doi.org/10.1007/978-3-658-41443-6_3

können. Die Austauschbarkeit ermöglicht größere Stückzahlen und führt zur wirtschaftlicheren Fertigung.

Die Anwendung von Normen führt in allen Bereichen zu sinnvollen Vereinheitlichungen und bringt daher Kosteneinsparungen. Auch wenn diese Erkenntnis als trivial einleuchtend wirkt und auch keinerlei Widersprüche hinsichtlich Nützlichkeit und Vorteilen von Normung bestehen, werden den interessierten Kreisen erhebliche Widerstände bezüglich der Finanzierung der Normungsarbeit entgegengebracht.

Aus diesem Grund werden seitens normenschaffender Institute Argumentations- und Informationshilfen zur Verfügung gestellt, wie z. B.

von CEN/CENELEC: Internetseite „Standards Build Trust“ [1] und

vom DIN (Deutsches Institut für Normung):

- 1x1 der Normung – Ein praxisorientierter Leitfaden für KMU [2]
- Was Mitarbeit in der Normung bringt – Argumente für Experten [3]
- Internetseite „Nutzen für die Wirtschaft“ [4]
- Der gesamtwirtschaftliche Nutzen der Normung – Eine Aktualisierung der DIN-Studie aus dem Jahr 2000 [5]

Diese DIN-Studie hat gezeigt, dass der gesamtwirtschaftliche Nutzen der Normung für Deutschland auf 17 Mrd. EUR im Jahr geschätzt werden kann. Relativ sind das 0,72 % des Bruttoinlandsproduktes.

Es konnte auch in verschiedenen Länderstudien nachgewiesen werden, dass der von den Normen ausgehende Verbreitungs- oder Diffusionseffekt für technologisches Wissen mit einem Beitrag für fortlaufendes Wirtschaftswachstum einhergeht. Dies kann sogar beziffert werden, siehe Tab. 3.1.

Normen sind die Voraussetzung für die Lösung vieler technischer und wirtschaftlicher Aufgaben und stellen ein wesentliches Hilfsmittel des weltweiten Technologietransfers dar. Viele Schutzfunktionen (Arbeitsschutz, Umweltschutz, Verbraucherschutz usw.) wären ohne Normung nicht möglich.

## 3.2 Allgemeines zur Normerarbeitung

Prinzipiell kann jedermann einen Normungsantrag an eine Normungsorganisation stellen.

**Tab. 3.1** Länderstudien zur Wachstumswirkung von Normen [5]

| Land | Herausgeber (Jahr) | Zeitraum | Wachstumsrate des Bruttoinlandsproduktes | Beitrag von Normen |
|---|---|---|---|---|
| Deutschland | DIN (2000) | 1960–1996 | 3,3 % | 0,9 % |
| Frankreich | AFNOR (2009) | 1950–2007 | 3,4 % | 0,8 % |
| Großbritannien | DTI (2005) | 1948–2002 | 2,5 % | 0,3 % |
| Kanada | SCC (2007) | 1981–2004 | 2,7 % | 0,2 % |
| Australien | SA (2006) | 1962–2003 | 3,6 % | 0,8 % |

Normen werden sinnvollerweise von denjenigen erarbeitet, die sie später auch benötigen und einsetzen. Das sind die Fachkreise, die in der Normung als die „interessierten Kreise" bezeichnet werden (vgl. [6]).

Die entsendeten Experten, die für die nationale, europäische und internationale Normungsarbeit zur Verfügung stehen, vertreten z. B. Hersteller, Verbraucher, Handel, Handwerk, Wissenschaft, Hochschulen, Behörden.

Die interessierten Kreise für ein Normungsvorhaben an einen Tisch zu bringen, ist die Aufgabe der Normenausschüsse. Die jeweiligen Gremien werden tätig, wenn festgestellt wird, dass ein ausreichender Normungsbedarf besteht und die Finanzierung der Bearbeitung gesichert ist.

Vom zuständigen Arbeitsgremium wird ein erstes Manuskript für einen Norm-Entwurf erarbeitet. Diesem können im Verlauf der Beratungen weitere folgen, bis ein Vorschlag zum Zweck der Diskussion weitergegeben wird. Daraufhin erfolgende Stellungnahmen werden unter Hinzuziehung der Stellungnehmenden beraten. Nötigenfalls werden weitere Norm-Entwürfe erarbeitet, bis ein Schlussentwurf vorliegt, welcher dann zur Ratifizierung erneut verteilt wird.

Zusätzlich werden alle Norm-Entwürfe einem öffentlichen Einspruchsverfahren unterworfen. Dieses Verfahren ermöglicht eine Beteiligung der breiten Öffentlichkeit.

Bei den Normungsorganisationen existieren natürlich Unterschiede hinsichtlich der Arbeitsabläufe und Verantwortungen. Dies betrifft z. B. Sekretariatsführung, öffentliche Diskussion, Beratungs-, Abstimmungs- und Ratifizierungsregularien und Einreichung von Stellungnahmen (u. U. werden Stellungnahmen von weiteren Gremien erarbeitet und abgegeben, wie z. B. nationale Stellungnahmen vom DIN bei der Erarbeitung von ENs). Die jeweiligen Geschäftsordnungen regeln die Verfahren und Zuständigkeiten.

## 3.3 Strukturen in der Normung

Es besteht keine Rangfolge oder Wertigkeit! Im Gegensatz zu den Gesetzen sind Normen ***nicht*** hierarchisch strukturiert!

Eine vermeintlich „höhere" Abstimmungsebene bedeutet nicht, dass daraufhin eine Norm der anderen vorzuziehen ist, einen höheren Wert oder höhere Qualität hat.

### 3.3.1 Strukturen in Hinsicht auf thematische Zuständigkeit

Auf internationaler und europäischer Ebene hat sich historisch eine thematische Dreiteilung der Normungsgebiete ergeben, und zwar hinsichtlich allgemeiner Normen, Normen der Elektrotechnik und Normen der Telekommunikation.

Wie in Abb. 3.1 dargestellt liegt die Instanz

- auf internationaler Ebene für
  - allgemeine Normen bei **ISO** (International Organization for Standardization)
  - Normen der Elektrotechnik bei **IEC** (International Electrotechnical Commission)

| Ebene \ Bereich | Allgemein | Elektrotechnik | Telekommunikation |
|---|---|---|---|
| International | ISO | IEC | ITU |
| Europa | cen | CENELEC | ETSI |
| Nord-Amerika | ANSI | IEEE | TIA |

**Abb. 3.1** Strukturen in Hinsicht auf thematische Zuständigkeit

  - Normen der Telekommunikation bei **ITU** (International Telecommunication Union)
- auf europäischer Ebene für
  - allgemeine Normen bei **CEN** (Comité Européen de Normalisation)
  - Normen der Elektrotechnik bei **CENELEC** (Comité Européen de Normalisation Électrotechnique)
  - Normen der Telekommunikation bei **ETSI** (European Telecommunications Standards Institute)
- auf nord-amerikanischer Ebene für
  - Normen ganz allgemein bei **ANSI** (American National Standards Institute)
  - Normen der Elektrotechnik bei **IEEE** (Institute of Electrical and Electronics Engineers)
  - Normen der Telekommunikation bei **TIA** (Telecommunications Industry Association)

### 3.3.2 Strukturen in Hinsicht auf Abstimmungsebenen

Ebenfalls historisch haben sich unterschiedliche Abstimmungsebenen ergeben. Neben der internationalen Ebene existieren weitere geografisch bedingte Ebenen wie z. B. die nord-amerikanische oder europäische Abstimmungsebene (siehe Abb. 3.2).

Innerhalb dieser Ebenen sind die Strukturen und Herangehensweisen an Normung sehr unterschiedlich:

- Auf europäischer und internationaler Ebene werden Normen durch Zusammenarbeit der nationalen Normungsinstitute unter Beteiligung der Verbandsebene erarbeitet.
- Auf nord-amerikanischer Ebene werden Normen von dem übergeordneten Normungsinstitut adaptiert, welche auf privatrechtlicher Ebene eigenverantwortlich erarbeitet wurden.

Normen sind also Ergebnisse auf unterschiedlichen Abstimmungsebenen, z. B. auf internationaler, regionaler, nationaler Verbands- oder Werksebene.

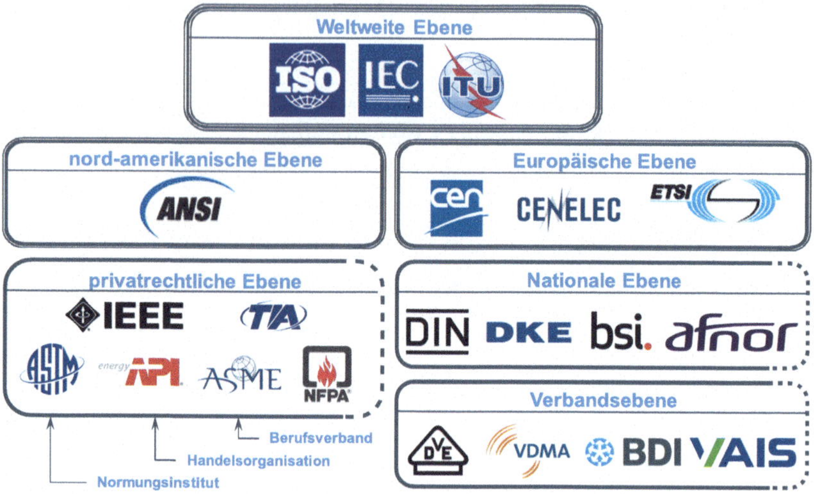


**Abb. 3.2** Strukturen in Hinsicht auf Abstimmungsebenen

### 3.3.3 Strukturen in Hinsicht auf Detaillierungsgrad

Festzustellen ist, dass tendenziell der Detaillierungsgrad und auch die Freiheitsgrade der Festlegungen abnehmen, je größer die geografische, politische oder wirtschaftliche Zone ist, aus der die beteiligten Institutionen stammen. In Abb. 3.3 wird versucht, dies in einer Pyramide darzustellen.

Wünschenswert wäre natürlich, dass Normen auf einer möglichst großen Abstimmungsebene erarbeitet werden. Unterschiedliche Strukturen stehen jedoch häufig einer Zusammenarbeit im Wege.

## 3.4 Informationen zur Normung

### 3.4.1 Normenkodex der Welthandelsorganisation (WTO)

Um die Effizienz der Normung auf internationaler und europäischer Ebene zu erhöhen, wird die Zusammenarbeit zwischen ISO und CEN seit 1991 durch die „Wiener Vereinbarung" geregelt. Ziel dieser Vereinbarung ist es, die Facharbeit möglichst nur auf einer Normungsebene durchzuführen und durch parallele Abstimmungsverfahren die gleichzeitige Anerkennung als ISO- und EN-Norm

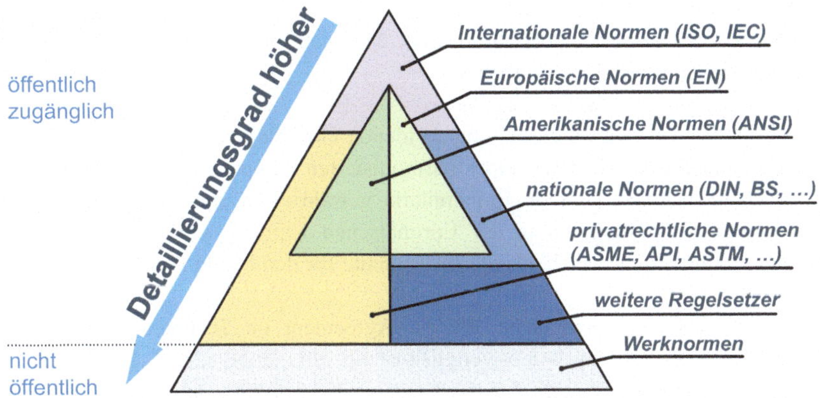


**Abb. 3.3** Normungspyramide

herbeizuführen. Eine ähnliche Vereinbarung zwischen IEC und CENELEC aus dem gleichen Jahr wurde 1996 unter dem Namen „Dresdener Abkommen" erweitert (vgl. [7]).

So sind inzwischen (Stand Juni 2022) 34 % des CEN-Normenbestandes identisch mit den ISO-Normen und sogar 74 % des CENELEC-Normenbestandes sind identisch mit den IEC-Normen [8].

Die Welthandelsorganisation (WTO) empfiehlt in ihrem „Übereinkommen über technische Handelshemmnisse" die Übernahme von internationalen Normen im Sinne eines globalen freien Handels.

Nationale, europäische und internationale Normungsorganisationen haben sich verpflichtet, den Normenkodex der WTO einzuhalten, der folgende Punkte beinhaltet:

- Keine Bevorzugung heimischer Produkte,
- Keine Handelshemmnisse durch nationale Normen,
- Übernahme relevanter Internationaler Normen,
- Teilnahme nationaler Delegationen,
- Vermeidung von Doppelarbeit,
- Nationale Konsensbildung,
- Kohärenz des Normenwerks,

- Veröffentlichung der Arbeitsprogramme,
- Öffentliches Einspruchsverfahren (min. 2 Monate) und
- Faire Behandlung der Kommentare.

In Europa ist die Normung eine entscheidende Grundlage für das Funktionieren des Binnenmarktes. Mit Hilfe eines harmonisierten europäischen Normenwerkes ist der freie Warenverkehr im Binnenmarkt gewährleistet und die Wettbewerbsfähigkeit der Unternehmen in der Europäischen Union gestärkt. Normen und Standards sind damit entscheidende Instrumente für den Erfolg von Unternehmen am Weltmarkt [9].

Weitere Informationen siehe WTO's Agreement on Technical Barriers to Trade (TBT) [http://www.wto.org/english/tratop_e/tbt_e/tbt_e.htm]. Hier ist auch ein „Code of Good Practice for the Preparation, Adoption and Application of Standards“ definiert.

### 3.4.2 Information zur internationalen Normung

Internationale Normen werden innerhalb der Dachorganisationen ISO (Die Abkürzung „ISO“ wurde übrigens in Anlehnung an das griechische Wort „isos“ für „gleich“ gewählt.) und IEC erarbeitet. Die Betreuung der Normungsarbeit wird von den nationalen Normungsorganisationen wahrgenommen. So werden z. B. die Sekretariate der internationalen Gremien dezentral von den Mitgliedsorganisationen in aller Welt geführt.

Jedes Land bzw. die jeweilige nationale Normungsorganisation wird innerhalb eines ISO- oder IEC-Gremiums durch je ein einziges Mitglied vertreten und jeder hat auch nur eine Stimme (im Unterschied zur europäischen Normung!). Zusätzliche, weitere Institutionen und Organisationen wirken mit Beobachter- und Beraterstatus mit.

Weitere Informationen zu ISO-Mitgliedern: http://www.iso.org/iso/home/about/iso_members.htm

Weitere Informationen zu IEC-Mitgliedern: https://www.iec.ch/national-committees

Es besteht die Möglichkeit, aber keine direkte Verpflichtung, internationale Normen in das nationale Normenwerk zu übernehmen.

Während ISO und IEC privatrechtliche Organisationen sind, ist die ITU eine Unterorganisation der Vereinten Nationen mit Sitz in Genf. Die von Regierungsvertretern der Mitgliedstaaten sowie von Vertretern von Unternehmen und regionalen und nationalen Organisationen erarbeiteten Empfehlungen der ITU dienen den Mitgliedstaaten als Vorgabe für Gesetzgeber und Unternehmen (vgl. [10]).

### 3.4.3 Information zur Normung in Europa

Analog zur Struktur der internationalen Normung werden europäische Normen innerhalb der Dachorganisationen CEN und CENELEC erarbeitet. Mit der national ermittelten Position werden die technischen Experten in die technischen Gremien entsendet. Die Betreuung der Normungsarbeit wird von den nationalen Normungsorganisationen wahrgenommen. So werden z. B. die Sekretariate der europäischen Gremien dezentral von den Mitgliedsorganisationen in ganz Europa geführt.

Die Mitglieder des CEN sind 34 nationale Normungsinstitute (siehe Abb. 3.4). Neben den 27 EU-Mitgliedsstaaten sind auch drei EFTA-Staaten (Island, Norwegen und Schweiz), sowie Mazedonien, Serbien, Türkei und Großbritannien vertreten (Stand Januar 2023).

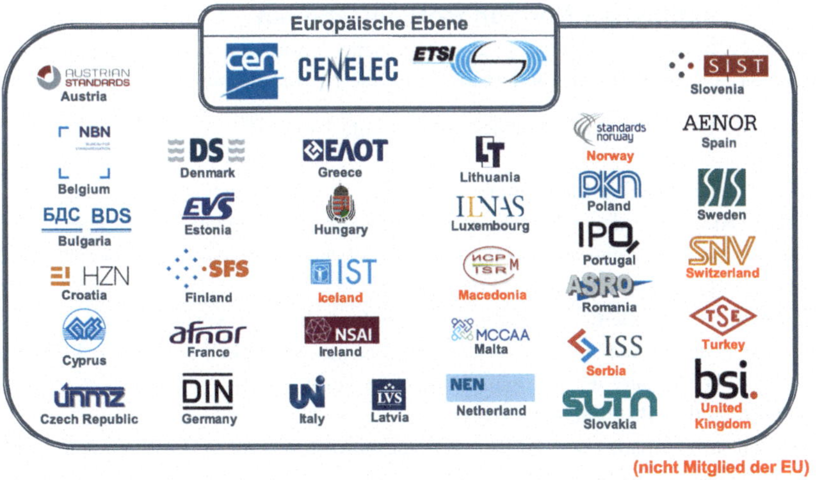


**Abb. 3.4** nationale Normungsinstitute, Mitglieder in CEN und CENELEC (Stand Januar 2023)

Weitere Informationen zu CEN-Mitgliedern finden sich unter: https://standards.cen.eu/dyn/www/f%3Fp=CENWEB:5

Weitere Informationen zu CENELEC-Mitgliedern: https://standards.cencenelec.eu/dyn/www/f?p=CENELEC:5:0:::::

Ziel von CEN und CENELEC ist es, den ENs internationale Normen zugrunde zu legen und diese möglichst unverändert zu übernehmen. Sind keine entsprechenden internationalen Normen vorhanden, wird angestrebt, die Facharbeit möglichst nur auf einer der beiden Ebenen (also international oder europäisch) durchzuführen und durch parallele Abstimmungsverfahren die jeweilige Anerkennung herbeizuführen.

Im Gegensatz zu CEN und CENELEC ist ETSI keine ländermitgliedschaftliche, sondern eine direktmitgliedschaftliche Organisation (z. B. direkte Mitgliedschaft von Unternehmen). Bei gleicher Zielsetzung bezüglich der internationalen Anwendbarkeit erfolgt die Erarbeitung europäischer Normen bei ETSI nach gegenüber CEN und CENELEC im Detail abweichenden Regeln.

Weitere Informationen zu ETSI-Mitgliedern finden sich unter: http://www.etsi.org/membership/current-members.

#### 3.4.3.1 Übernahme einer europäischen Norm von den nationalen Normungsorganisationen

Nach der Ratifizierung muss eine europäische Norm von den nationalen Normungsorganisationen unverändert als nationale Norm übernommen werden.

Durch die Übernahme der Normen in nationale Normen

- wird der normative Inhalt nicht verändert
  (Die Ausgaben der EN von den nationalen Normungsinstituten haben die identischen normativen Festlegungen. Sie unterscheiden sich nur in der verwendeten Sprache, siehe Abb. 3.5),
- stehen jene in allen europäischen (Amts-)Sprachen zur Verfügung,
- werden seitens der nationalen Normungsinstitute lediglich Deckblatt, Vorwort und u. U. Anhang der europäischen Norm vorangestellt.
  Darin sind z. B. enthalten:
  - Zusammenhang der Norm mit anderen (nationalen) Festlegungen und Rechtsvorschriften
  - Verweis auf andere wichtige Publikationen
  - zuständiges nationales Arbeitsgremium
  - Gründe für die Überarbeitung der Norm

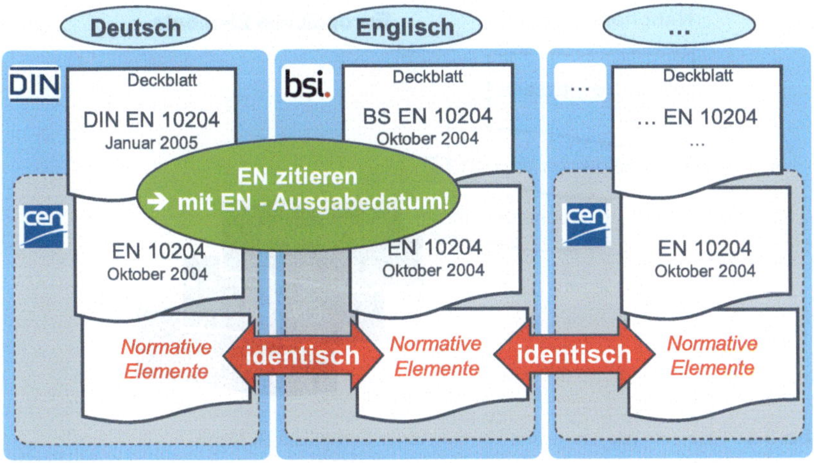


**Abb. 3.5** Übereinstimmung normativer Festlegungen

- Änderungen gegenüber Vorgängerdokument(en)
- Übergangsfristen
- Redaktionelle Hinweise (z. B. zur Übersetzung)
- notwendige nationale Ergänzungen der Festlegungen und
- besondere Anwendungshinweise.

*„Merksatz"*
**Nach einer Übergangszeit existiert dann also in Europa eine einheitliche normative Festlegung, die in jeder europäischen Amtssprache zur Verfügung steht!**

Entsprechend CEN/CENELEC-Geschäftsordnung-Teil 3: 2019 (= ISO/IEC-Direktiven – Teil 2 : 2018 = DIN 820-2 : 2020-12, Erläuterung siehe Abschn. 6.4) [11] ist der in Abb. 3.6 gezeigte Aufbau umzusetzen.

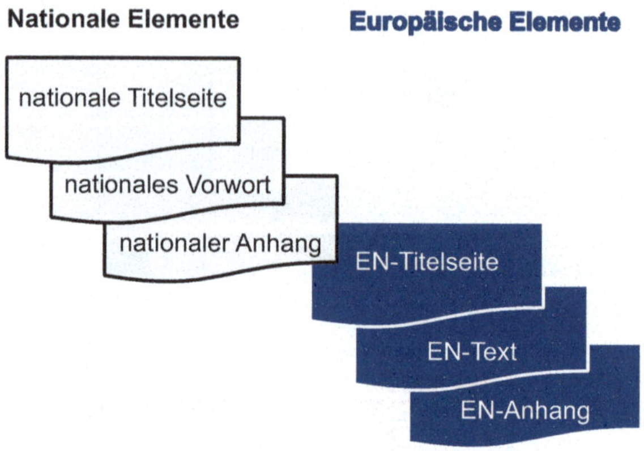


**Abb. 3.6** Elemente der nationalen Fassung einer Europäischen Norm

### 3.4.3.2 Nummerierungsanalogien bei Normübernahmen

Bei Übernahme einer EN-Norm ergänzt die übernehmende Normorganisation entsprechende Nummern mit ihrem Normkürzel.

Entsprechend ergeben sich – am Beispiel DIN – folgende Bezeichnungen (vgl. [12, 13]):

- EN => DIN EN (Deutsche Ausgabe einer Europäischen Norm, die unverändert von allen CEN/CENELEC-Mitgliedern übernommen wird.)
- EN ISO => DIN EN ISO (Zunehmend entstehen Normen unter Federführung von ISO oder von CEN, die dann von beiden Organisationen veröffentlicht werden. Wie bei EN-Normen ist die Übernahme als nationale Norm Pflicht.)

Diese Philosophie wird auch bei der Übernahme von international abgestimmten Normen angewendet:

Entsprechend ergeben sich – am Beispiel DIN – folgende Bezeichnungen (vgl. [12, 13]):

- ISO => DIN ISO (Unveränderte nationale Übernahme einer ISO-Norm.)
- IEC => DIN IEC (Unveränderte nationale Übernahme einer IEC-Norm.)

### 3.4.3.3 Besonderheit der „harmonisierten Normen"

Die Möglichkeit, dass jedermann einen Normungsantrag an eine Normungsorganisation stellen kann, macht sich der europäische Gesetzgeber zu Nutze: er definiert „wesentliche bzw. grundlegende (Sicherheits-)Anforderungen" und überträgt die technische Konkretisierung auf die europäischen Normungsinstitute (siehe Abschn. 2.6.2).

Wenn also ein Rechtsakt der EU ratifiziert wurde, zu dem technische Konkretisierungen benötigt werden, erteilt die EU-Kommission einen Normungsauftrag an die europäischen Normungsinstitute. Diese besonderen, aufgrund eines Auftrages der Europäischen Kommission erarbeiteten ENs, sind sogenannte „harmonisierte Normen".

Im Amtsblatt der EU sind Titel und Bezugsdaten zu veröffentlichen. Regelmäßig wird auch die Aktualisierung der harmonisierten Normen im Internet unter https://ec.europa.eu/growth/single-market/european-standards/harmonised-standards_en publiziert. Es existieren zwar zusätzlich weitere, im Internet veröffentlichte Listen, aber es empfiehlt sich, gerade hier ein genaues Augenmerk auf die Vertrauenswürdigkeit der genutzten Quelle zu legen!

Ein einfaches Erkennungszeichen einer harmonisierten Norm bietet die Existenz eines Anhangs (Nummerierung beginnend mit Z). Hier befindet sich eine Tabelle, die aufzeigt, welche grundlegende Anforderung einer Harmonisierungsrechtsvorschrift der EU mit welchem Abschnitt der Norm erfüllt wird.

Auch die Anwendung von harmonisierten Normen ist natürlich freiwillig, löst jedoch bei sachgerechter Erfüllung die „Konformitätsvermutung" im Zusammenhang mit den in entsprechender Harmonisierungsrechtsvorschrift der EU geforderten grundlegenden Anforderungen aus (meint die Erfüllung der Harmonisierungsrechtsvorschrift der EU). Dies ist sicherlich der einfachste Weg. Außerdem genießt der Anwender den Vorteil der Beweislastumkehr, da die Marktaufsichtsbehörden die eventuelle Nichtkonformität nachweisen müssen. Hierbei ist zu beachten, dass ein normkonform produziertes Produkt nicht automatisch rechtskonform ist (vgl. [14]).

Der Gesetzgeber lässt dem Hersteller aber auch die Freiheit, die Konformität mit den gesetzlichen Vorgaben auf andere Art nachzuweisen. Wenn andere (nationale oder bekannte technische) Festlegungen verwendet werden, muss ein Nachweis mit einer „Notifizierten Stelle" geführt werden, dass durch jene Regeln die gesetzlichen Vorgaben erfüllt sind, siehe Abb. 3.7.

Wichtig in der Projektphase ist die frühzeitige Abstimmung mit Kunden bezüglich der zu verwendenden Normen und Regelwerke (mit korrekter Bezeichnung und Ausgabedatum) und der frühzeitige Kontakt zur Benannten Stelle.

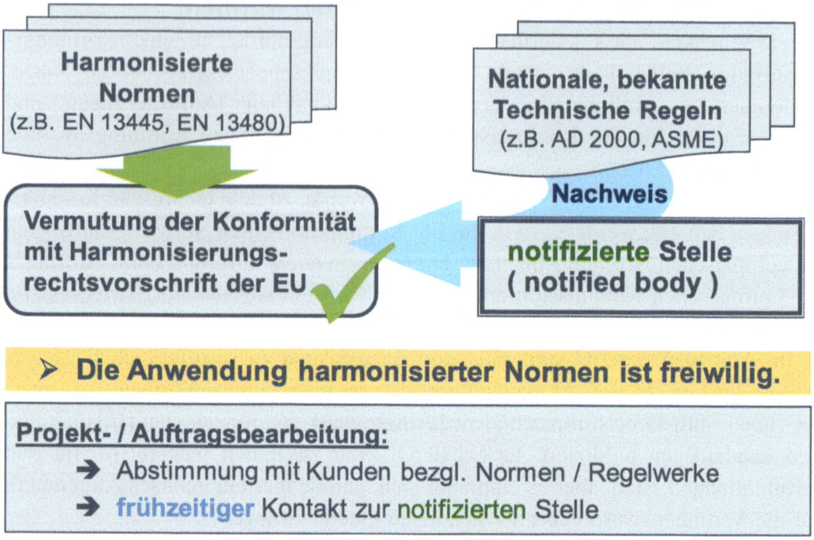


**Abb. 3.7** Erfüllung von Harmonisierungsrechtsvorschriften der EU

### 3.4.4 Information zur Normung in den USA

Die Normungsarbeit in den USA erfolgt dezentral in ca. 600 Fachverbänden und Normungsorganisationen. Das American National Standards Institute (ANSI) ist für die Akkreditierung von Standardisierungsorganisationen zuständig. Im Januar 2023 sind 238 Standards Developing Organizations (SDOs) bei ANSI akkreditiert. Einige der Organisationen haben den Anspruch, international anwendbare Normen zu erarbeiten.

ANSI leistet keine eigene technische Normungsarbeit, erstellt also selbst keine Normen, sondern adaptiert diese von akkreditierten Organisationen, also privatrechtlichen Instituten. Evtl. wird geprüft, ob es in deren „Bibliothek" passt. Es besteht für ANSI die Möglichkeit, aber keine Verpflichtung, Normen der SDOs zu übernehmen.

In den USA sind Normen Dokumente, die mitunter zum gleichen Thema in inhaltlicher Konkurrenz stehen und es können voneinander abweichende Spezifikationen zu einem Themenfeld vorliegen.

US-Experten, als Vertreter der SDOs, arbeiten bei ISO und IEC aktiv mit. Die resultierenden ISO- und IEC-Normen werden dann jedoch nur zu einem geringen

Prozentsatz als nationale amerikanische Normen übernommen. Es existiert also leider auch hier kein Verfahren zur systematischen Übernahme von IEC- und ISO-Normen.

## Literatur


1. Standards Build Trust https://www.euractiv.com/section/all/infographic/standards-build-trust-2/ (Bearbeitungsstand: 28. Januar 2023)
2. 1x1 der Normung – Ein praxisorientierter Leitfaden für KMU, 05.2019: https://www.din.de/resource/blob/64110/b5d8d57f3b7e6866233201bf45aad388/1x1-data.pdf
3. Was Mitarbeit in der Normung bringt – Argumente für Experten, 05.2019 https://www.din.de/resource/blob/64132/3b1fa4ffb4c93da76436c3f4ec55263c/argumente-fuer-experten-data.pdf
4. DIN/Über Normen & Standards/Nutzen für die Wirtschaft https://www.din.de/de/ueber-normen-und-standards/nutzen-fuer-die-wirtschaft (Bearbeitungsstand: 28. Januar 2023)
5. Der gesamtwirtschaftliche Nutzen der Normung – Eine Aktualisierung der DIN-Studie aus dem Jahr 2000, August 2011: https://www.din.de/resource/blob/79542/946e70a818ebdaacce9705652a052b25/gesamtwirtschaftlicher-nutzen-der-normung-data.pdf
6. DIN/Über Normen & Standards/DIN-Norm: https://www.din.de/de/ueber-normen-und-standards/din-norm/grundsaetze (Bearbeitungsstand: 28. Januar 2023)
7. Wiener Vereinbarung: https://de.wikipedia.org/wiki/Wiener_Vereinbarung (Bearbeitungsstand: 28. Januar 2023)
8. CEN and CENELEC Global outreach report, June 2022 https://www.cencenelec.eu/media/CEN-CENELEC/European%20Standardization/Documents/IC/global_outreach_june2022.pdf
9. DIN/Über Normen & Standards/Nutzen für die Wirtschaft/Internationaler Handel, https://www.din.de/de/ueber-normen-und-standards/nutzen-fuer-die-wirtschaft/internationaler-handel (Bearbeitungsstand: 13. Januar 2023)
10. Normung und Standardisierung, Grundlagen, Dr.-Ing. Bernd Hartlieb, Dr.-Ing. Albert Hövel, Prof. Dr.-Ing. Norbert Müller, 2. Auflage 2016, Herausgeber: DIN, zu beziehen über Beuth Verlag GmbH, ISBN 978-3-410-26332-6
11. CEN/CENELEC Geschäftsordnung, Teil 3: Regeln für den Aufbau und die Abfassung von CEN/CENELEC-Publikationen (ISO/IEC Direktiven – Teil 2:2018, modifiziert); Juni 2019 https://boss.cen.eu/media/BOSS%20CEN/ref/ir3_d.pdf
12. „Normen richtig lesen und Anwenden – Erläuterung anhand von Beispielen", Leticia de Anda González, 1. Auflage 2012, Herausgeber: DIN, zu beziehen über Beuth Verlag GmbH, ISBN 978-3-410-22174-6
13. „Bezeichnung für Normen – Designation of standards", Jan Dittberner, Michael Krüger, 4. erweiterte und vollständig überarbeitete Auflage 2011, Herausgeber: DIN, zu beziehen über Beuth Verlag GmbH, ISBN 978-3-410-17580-3
14. „Rechtskonformes Inverkehrbringen von Produkten – In 10 Schritten zur Konformitätserklärung", Michael Loerzer, Peter Buck, Andreas Schwabedissen, 1. Auflage 2013, Herausgeber: DIN, zu beziehen über Beuth Verlag GmbH, ISBN 978-3-410-21187-7

# 4 Rechtliche Motive zur Verwendung von Normen

Normen und auch weitere im Konsens erstellte und von öffentlich anerkannten Institutionen angenommene Standards haben zwar ursächlich einen wirtschaftlichen Hintergrund, stehen aber in einem inzwischen sehr wichtigen kausalen Zusammenhang mit der Planungs- und Konstruktionstätigkeit: **Die nicht konkret greifbare, rechtliche Verpflichtung zur „ingenieurstechnischen Sorgfaltspflicht".**

## 4.1 Pflicht zur Sorgfalt in der Rechtsprechung

Für Tätigkeiten aller Art verlangen Rechtsordnungen, die jeweils angemessenen Sorgfalts- oder Verkehrssicherungspflichten zu beachten und bei eigenem Handeln oder Unterlassen ausreichend zu berücksichtigen.

Schon Rechtsordnungen des Mittelalters verlangten für verschiedene Tätigkeiten und Produkte, angemessene Pflichten für Sorgfalt und das Inverkehrbringen zu beachten. Auf Basis des am 1. Januar 1900 in Kraft getretenen BGB wurde als eine der ersten Auslegungen durch das Reichsgericht in Leipzig 1903 die allgemeine Sorgfaltspflicht definiert. Sie ist eine (auch heute noch geltende) Pflicht zum Handeln bzw. Unterlassen, zum Vermeiden, Verhindern oder Vermindern von abwendbaren Gefahren für den Benutzer (vgl. [1]).

Zum Schutze der Benutzer und unbeteiligter Dritter sind daher alle notwendigen und erforderlichen Maßnahmen zu ergreifen, um Gefahren aller Art (bei bestimmungsgemäßer Verwendung) vorbeugend zu vermeiden (siehe Abschn. 4.1.2).

Gefahren sind zu vermeiden und zwar von demjenigen, der eine Gefahrenquelle schafft, erkennt oder auch hätte erkennen können!



W. Fellner, *Normung für alle*,
https://doi.org/10.1007/978-3-658-41443-6_4

Wesentliche Bewertungskriterien für Inhalt, Umfang und Ergebnis der Tätigkeiten resultieren aus den unbestimmten Rechtsbegriffen*):

- anerkannte Regel der Technik (siehe Abschn. 4.1.2.1)
- Stand der Technik (siehe Abschn. 4.1.2.2)
- Stand von Wissenschaft und Technik (siehe Abschn. 4.1.2.3)

**) Ein unbestimmter Rechtsbegriff ist ein Begriff auf Tatbestandsebene, dessen Inhalt und genaue Definition nicht selbstverständlich feststehen, sondern verschiedenen Interpretationen unterliegen und der jeweiligen Auslegung bedürfen.*

### 4.1.1 TOP-Prinzip

Das TOP-Prinzip beschreibt die hierarchische Rangfolge der Schutzmaßnahmen. Bereits in § 4 Arbeitsschutzgesetz wird vorgegeben, dass Gefahren an ihrer Quelle zu beseitigen sind. Im Arbeitsschutz bedeutet dies, dass zuerst nach technischen Lösungen gesucht werden muss. Nur dann, wenn keine sinnvollen technischen Lösungen gefunden werden, versucht man das Problem mit organisatorischen Maßnahmen zu lösen. Sollten wiederum keine sinnvollen organisatorischen Lösungen machbar sein, können in einem dritten Schritt persönliche Maßnahmen realisiert werden. Grafisch dargestellt in Abb. 4.1.

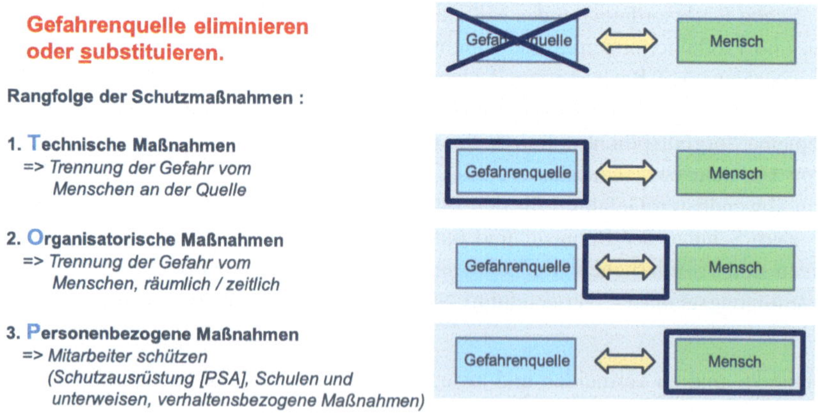


**Abb. 4.1** TOP-Prinzip

Das bedeutet z. B. im Bereich Lärmschutz, dass bei hoher Lärmbelastung nicht einfach Gehörschutz an die Beschäftigten ausgegeben werden kann, weil dies eine personenbezogene Maßnahme ist. Nach dem TOP-Prinzip müssen eben zuerst technische Lösungen, zum Beispiel Einhausung der lauten Maschinen, geprüft werden. Falls derartige Lösungen nicht umgesetzt werden können, folgt im Schritt 2 die Prüfung der organisatorischen Maßnahmen, wie eine zeitliche Befristung des Aufenthalts der Beschäftigten in Lärmbereichen. Nur dann, wenn auch keine organisatorischen Lösungen gefunden werden, kann im Ergebnis der Gehörschutz als personenbezogene Maßnahme eingesetzt werden.

***Anmerkung:***
Oftmals wird anstatt des TOP-Prinzips auch das STOP-Prinzip angewendet. Das „S“ steht dabei für Substitution. In unserem Lärmbeispiel wäre Substitution zum Beispiel der Wegfall der lauten oder der Einkauf einer leiseren Maschine [2].

Zum leichteren Verständnis zeigt Abb. 4.2 eine *sehr vereinfachte* Erklärung des TOP-Prinzips am Beispiel der Gefahr „Löwe“.

**Abb. 4.2** TOP-Prinzip am Beispiel der Gefahr „Löwe“

### 4.1.2 Allgemeine Rechtsbegriffe für die Ingenieurtätigkeit

#### 4.1.2.1 Anerkannte Regeln der Technik

Definitionen nach EN 45020: *anerkannte Regel der Technik*

> *„technische Festlegung, die von einer Mehrheit repräsentativer Fachleute als Wiedergabe des Standes der Technik angesehen wird.*
>
> *Anmerkung: Ein normatives Dokument zu einem technischen Gegenstand wird zum Zeitpunkt seiner Annahme als der Ausdruck einer anerkannten Regel der Technik anzusehen sein, wenn es in Zusammenarbeit der betroffenen Interessen durch Umfrage- und Konsensverfahren erzielt wurde."*

Die technische Entwicklung in den einzelnen Bereichen ist so unterschiedlich, dass der Gesetzgeber im Regelfall auf technisch konkret ausgeführte Anforderungsketten mit allen erforderlichen technischen Einzelheiten verzichtet. Normungsinstitute, technisch-wissenschaftliche und andere technisch legitimierte Organisationen können schneller, wirksamer und auch bei Änderungen konkreter arbeiten, als dies in legislativen Verfahren möglich wäre.

Für die technisch konkrete Umsetzung der allgemeinen, unbestimmten Rechtsbegriffe verweist der Gesetzgeber deshalb auf die „allgemein anerkannten Regeln der Technik".

Die Definition des Bundesverfassungsgerichtes lautet:

> *„Von der Mehrheit der Fachleute anerkannte, wissenschaftlich begründete, praktisch erprobte und ausreichend bewährte Regeln zum Lösen technischer Aufgaben. Sie müssen Mosaiksteine eines allgemeinen, in sich schlüssigen technischen Regelwerkes sein und in ihrer Wirksamkeit von der Mehrheit der Fachleute des jeweiligen Bereiches als richtig und zweckmäßig anerkannt sein."*

Teil der undelegierbaren Verantwortung der Geschäftsleitung eines Unternehmens ist es, den Führungskräften und Mitarbeitern – unaufgefordert – die jeweiligen aktuellen anerkannten Regeln der Technik zur Verfügung zu stellen.

Es gehört zur **Sorgfalt** und **nicht delegierbaren Kardinalpflicht** des Einzelnen, für seinen persönlichen Arbeitsbereich die darin ausgewiesenen Regeln darauf zu prüfen,

- ob sie im jeweiligen Fall anwendbar sind,
- ob sie dem ihm bekannten Stand der Technik entsprechen

- ob und welche Änderungen oder Ergänzungen erforderlich sind, um den Stand der Technik einzuhalten,
- ob und wieweit dies nachgewiesen ist und
- was dazu wie weit dokumentiert werden sollte (Es besteht eine Dokumentationspflicht!).

#### 4.1.2.2 Der Stand der Technik

Das Einhalten der allgemein anerkannten Regeln der Technik ist notwendig, aber zum Erfüllen der Anforderungen an die eigenen Sorgfaltspflichten nicht ausreichend. Erforderlich ist der Nachweis des Einhaltens des Standes der Technik.

Definitionen nach EN 45020: *Stand der Technik*

> *„entwickeltes Stadium der technischen Möglichkeiten zu einem bestimmten Zeitpunkt, soweit Produkte, Prozesse und Dienstleistungen betroffen sind, basierend auf entsprechenden gesicherten Erkenntnissen von Wissenschaft, Technik und Erfahrung."*

Im Streitfall wird vom Gericht geprüft und in seine Entscheidungsfindung einbezogen, was Stand der Technik für einzelne Produkte, Verfahren und Dienstleistungen ist. Dies erfolgt durch Sachverständigengutachten (von möglichst öffentlich bestellten und vereidigten Sachverständigen), Verfahrensvergleiche sowie Auswerten des Schrifttums von Kongressen und anderen Fachveranstaltungen. Es wird im Einzelfall und für einen bestimmten Zeitpunkt aus dem Vergleich von Produkten, deren Wirksamkeit und Zuverlässigkeit abgeleitet und begründet.

Nur das Einhalten des so definierten und nachweisbaren Standes der Technik entspricht dem vollen Erfüllen der persönlichen Sorgfaltspflicht für Handeln oder Unterlassen der Unternehmen (als juristische Personen) bzw. der Beteiligten!

Natürlich gehört es auch hier zur **Sorgfalt** und **nicht delegierbaren Kardinalpflicht** des Einzelnen, für seinen persönlichen Arbeitsbereich die ausgewiesenen Regeln darauf zu prüfen,

- ob sie im jeweiligen Fall anwendbar sind,
- ob sie dem ihm bekannten Stand der Technik entsprechen
- ob und welche Änderungen oder Ergänzungen erforderlich sind, um den Stand der Technik einzuhalten,
- ob und wieweit dies nachgewiesen ist und

- was dazu wie weit dokumentiert werden sollte (Es besteht eine Dokumentationspflicht!).

#### 4.1.2.3 Stand von Wissenschaft und Technik

Die höchste Stufe des Auswertens externen Wissens ist der Stand von Wissenschaft und Technik.

Von der Rechtsordnung wird dieser nur für Arbeiten nach dem Bundesatomgesetz und der Strahlenschutzverordnung gefordert. Für alle anderen Tätigkeiten geht dies über die üblichen Sorgfaltspflichten hinaus.

Die Definition nach dem BVG:

- Der neueste Stand von Wissenschaft und Technik ist
  - wissenschaftlich begründet,
  - technisch als durchführbar erwiesen,
  - ohne praktische Bewährung,
  - öffentlich zugänglich
    (nicht hinter Institutsmauern verborgen),
  - ohne räumliche Grenzen (weltweit).

Der Stand von Wissenschaft und Technik grenzt in der Produkthaftung den (verschuldungsfreien) Entwicklungsfehler vom (verschuldensbegründenden) Konstruktionsfehler ab. Was nach dem Stand von Wissenschaft und Technik bei entsprechender Auswertung für die Konstruktion nicht erkennbar war, kann auch durch alle Sorgfalt nicht wirksam vermieden werden.

Der Nachweis eines nach dem Stand von Wissenschaft und Technik nicht erkennbaren und damit nicht vermeidbaren Fehlers ist schwierig und gelingt nur selten.

Versuche, den Partner vertraglich zur Sorgfalt nach dem Stand von Wissenschaft und Technik als Maßstab für sein Handeln zu verpflichten, sind übrigens rechtlich unzulässig und von Anfang an unwirksam, da sie gegen zwingende Maßstäbe der höchstrichterlichen Rechtsprechung verstoßen.

## 4.2 Rolle von Normen innerhalb der Rechtsprechung

Im Unterschied zu Gesetzen sind Normen von sich aus nicht rechtlich bindend und deren Anwendung ist grundsätzlich freiwillig. Erst wenn sie zum Inhalt von Verträgen werden oder wenn Gesetzgeber ihre Einhaltung zwingend vorschreiben, werden sie bindend.

Es kann allerdings für Unternehmen auch ein faktischer Zwang zur Anwendung von Normen bestehen, wenn diese z. B. in Einkaufsbedingungen festgeschrieben werden.

### 4.2.1 Rechtskonformität durch die Anwendung von Normen

Die Einhaltung von Normen stellt keinen „Freibrief" bzgl. der Haftung, aber ein wichtiges Kriterium beim Nachweis des ordnungsgemäßen Verhaltens dar. In den Fällen, in denen Normen nicht zum Inhalt eines Vertrages gemacht worden sind, dienen sie im Streitfall als Entscheidungshilfe, z. B. wenn es im Kauf- und Werkvertragsrecht um Sachmängel geht. Hier spricht der „Beweis des ersten Anscheins" für den Anwender der Norm in dem Sinne, dass er die erforderliche Sorgfalt beachtet hat. Normen sind also Empfehlungen, deren Einhaltung für Unternehmer zumindest eine gewisse Rechtskonformität darstellt.

### 4.2.2 Kauf- und Werkvertragsrecht

Normen haben insbesondere im Kauf- und Werkvertragsrecht ihre rechtliche Bedeutung: Denn zur Klärung der Frage, ob ein Sachmangel vorliegt, wird auf einschlägige Normen zurückgegriffen. Aus diesen wird abgeleitet, wie nach Meinung unbeteiligter Experten eine Sache oder ein Werk beschaffen sein sollte.

Die Nichteinhaltung einer Norm stellt keinen rechtlichen Mangel dar. Die vereinbarte oder verkehrsübliche Beschaffenheit kann auch ohne Berücksichtigung einer Norm gewährleistet werden. Werden die einschlägigen Normen nicht eingehalten, obliegt dem Lieferanten die Nachweispflicht, dass vereinbarte oder verkehrsübliche Anforderungen erfüllt wurden. Gelingt dieser Nachweis nicht, kann der Käufer gesetzliche Gewährleistungsansprüche geltend machen. Er hat Anspruch auf die Beseitigung des Mangels oder Lieferung einer mangelfreien Sache.

Im Kauf- und Werkvertragsrecht dienen Normen als Maßstab mangelfreier Beschaffenheit.

### 4.2.3 Haftungsrecht

Der „Blue Guide“ beschreibt im Abschn. 1.4 „Die Rechtsvorschriften zur Produkthaftung“:

> *„Die Haftung, d. h. die Verpflichtung zur Leistung von Schadenersatz, liegt beim Hersteller. Als Hersteller gilt der Hersteller eines Endprodukts oder eines Teils davon, der Produzent eines Grundstoffs oder jede Person, die als Hersteller auftritt (z. B. durch Anbringen eines Warenzeichens). Einführer, die in der Union Produkte aus Drittländern in Verkehr bringen, werden im Sinne der Richtlinie über die Produkthaftung ausnahmslos als Hersteller betrachtet. Lässt sich der Hersteller nicht ermitteln, wird der Lieferant des Produkts haftbar, es sein denn, dass er dem Geschädigten innerhalb angemessener Zeit den Hersteller oder diejenige Person benennt, die ihm das Produkt geliefert hat. Haften mehrere Personen für denselben Schaden, so haften sie gesamtschuldnerisch.“* [3]

Wenn ein Produkt fehlerhaft ist und es deswegen zu einer Schädigung einer Person oder Sache kommt, trifft den Hersteller des Produktes eine gesetzliche Schadenersatzhaftung. Er muss also für den eingetretenen Schaden aufkommen. Dass ein Hersteller aber das Produkt grundsätzlich in den Verkehr bringen durfte, kann er durch die Anwendung von Normen nachweisen (Konformitätsvermutung bei Verwendung von harmonisierten Normen).

Im Haftungsrecht dienen Normen als Bewertungsmaßstab für die haftungsrechtliche Zurechnung von Schäden.

### 4.2.4 Deliktsrecht

Entsteht durch ein fehlerhaftes Produkt ein Personen- oder Sachschaden, haftet der Produzent nach dem Deliktsrecht (verschuldensabhängige Haftung), wenn ihn ein Verschulden trifft und er keinen Beweis erbringen kann, der ihn vom Fahrlässigkeitsvorwurf entlastet.

Bei diesem in der Praxis nur schwer zu erbringenden Nachweis kann die Einhaltung gültiger Normen dem Hersteller zumindest ein Stück weit helfen.

### 4.2.5 Produkthaftung

Produkthaftung (vertragsunabhängige Haftung) bedeutet das Einstehenmüssen für Folgeschäden eines fehlerhaften Produktes an Personen oder Sachen. Es geht um eine außervertragliche Haftung des Herstellers eines Produktes gegenüber jedermann, der das Produkt gebraucht und dabei einen Schaden erleidet.

Bei der Produkthaftung spielen für die Beurteilung der Fehlerhaftigkeit des Produktes die einschlägigen technischen Normen eine nicht zu unterschätzende Rolle.

## 4.3 Vereinfachte Verbindlichkeitsstruktur

Zusammenfassend lässt sich folgende vereinfachte Verbindlichkeitsstruktur (siehe Abb. 4.3) aufstellen:

1. Geltende Gesetze (und darin angezogene Normen und Regelwerke) sind von sich aus verbindlich.
2. Normen und Regelwerke sind von sich aus nicht verbindlich, dies werden jene nur per Vertrag.

Die sich für den Auftragnehmer dann noch ergebenden Freiräume sind entsprechend zu füllen.

Dies muss zwar nicht mit Hilfe von Normen erfolgen, bietet sich aber sicherlich zur Erfüllung der ingenieurstechnischen Sorgfaltspflicht und dem Nachweis des gesetzlich vorgeschriebenen Sicherheitsniveaus an.

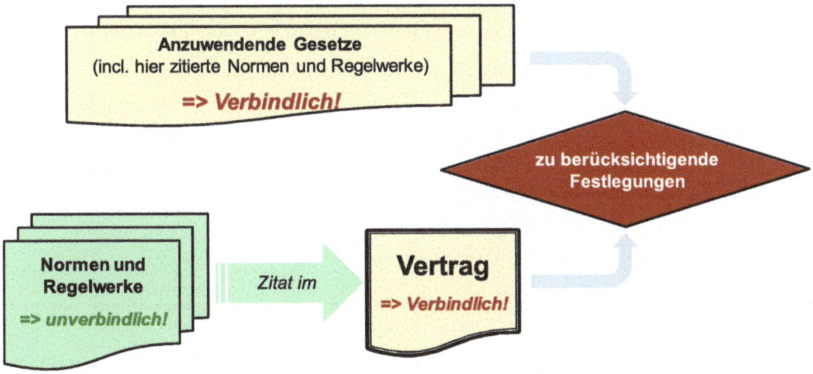


**Abb. 4.3** Vereinfachte Verbindlichkeitsstruktur

## Literatur

1. Produkthaftung (Deutschland) https://de.wikipedia.org/wiki/Produkthaftung_(Deutschland) (Bearbeitungsstand: 13. Januar 2023)
2. DGUV Information 211-042, Stand März 2017 https://www.arbeitssicherheit.de/download-pdf/download/0:7864130,1
3. Bekanntmachung der Kommission – Leitfaden für die Umsetzung der Produktvorschriften der EU 2016 ABl. C 272 vom 26.7.2016, S. 1–149: https://eur-lex.europa.eu/legal-content/DE/TXT/PDF/?uri=CELEX:52016XC0726(02)&from=DE

# 5 Hinweise für die Erstellung der Analyse

Für die Dokumentation der zu Anfang des Buches angesprochenen Analyse der zu berücksichtigenden technischen Regelungen (hauptsächlich Gesetze und Normen) folgen nun einige nützliche Hinweise.

## 5.1 Sortierung der Analyse

Bei Konstruktion und Planung ist es unerheblich, warum eine Festlegung bindend wird. Wenn zudem die gleiche Norm von verschiedenen Fachdisziplinen angezogen wird, ist eine fachliche Einsortierung höchst schwierig. Für die Auflistung der technischen Regelwerke bietet sich daher eine thematische Sortierung nicht an.

Die einzig sinnvolle Sortierung orientiert sich an der erstellenden Institution. Dies hat den Vorteil, dass eventuelle Unstimmigkeiten bezüglich der Ausgabedaten von den verschiedenen Fundstellen deutlich werden. Zudem benötigt man für die Normbeschaffung (Lizenzierung) sowieso eine entsprechend geordnete Aufstellung.

Natürlich ist auch diese Sortierung nicht unproblematisch, da man sich Regelungen hinsichtlich identischer Normen verschiedener Institutionen vorgeben muss.



W. Fellner, *Normung für alle*,
https://doi.org/10.1007/978-3-658-41443-6_5

## 5.2 Zitieren von Harmonisierungsrechtsvorschriften der EU

### 5.2.1 Aspekt der Kurzbezeichnung

Alle technischen Regelungen unterliegen einem ständigen Wandel und es empfiehlt sich daher, nicht nur ein genaues Augenmerk auf die Grundlage der genutzten Quelle zu legen, sondern – insbesondere bei Zitaten – auf die korrekten Bezeichnungen.

Häufig werden in Sprachgebrauch, Literatur und Internet Abkürzungen für Richtlinien (z. B. „DGRL“ für Druckgeräterichtlinie, engl. „PED“ für Pressure Equipment Directive, „ATEX“ aus dem Französischen „ATmosphère Explosibles“ für explosionsfähige Atmosphäre) verwendet.

Wenn zusätzlich eine Unterscheidung bezüglich der Basis im AEUV notwendig ist (z. B. bei ATEX), wird gerne die entsprechende Artikelnummer der Abkürzung hinzugefügt.

Bezeichnungen dieser Art sind jedoch nicht allgemeingültig definiert und die Artikelnummern wurden durch die verschiedenen Verträge geändert:

| Vertrag von | Maastricht 1992 | Amsterdam 1997 | Lissabon 2007 |
|---|---|---|---|
| freier Warenverkehr | Art. 100a EGV | Art. 95 EUV | Art. 114 AEUV |
| Arbeitsschutz | Art. 118a EGV | Art. 137 EUV | Art. 153 AEUV |

Die einzig sinnvolle und eindeutige Vorgehensweise bei Zitaten von Harmonisierungsrechtsvorschriften ist daher die Nennung der offiziellen Kurzbezeichnung.

Hierbei gibt es – ebenfalls geschichtlich bedingt – folgende Systematik:

| Grundlage | Römische Verträge von 1957 (bis 1992) | Vertrag von Maastricht von 1992 (bis 2007) | Vertrag von Lissabon von 2007 |
|---|---|---|---|
| deutsche Bezeichnung | EWG-Richtlinien | EG-Richtlinien | EU-Richtlinien |
| englische Bezeichnung | EEC-Directives | EC-Directives | EU-Directives |

### 5.2.2 Aspekt der verfügbare Sprachausgaben

Aus Kosten und Zeitgründen werden als Arbeitssprachen innerhalb der EU-Organe hauptsächlich Englisch, Französisch und Deutsch verwendet. Verträge und weitere wichtige Rechtsakte, werden in alle Amtssprachen übersetzt. Aufgrund des identischen Inhalts sind auch alle Sprachfassungen gültig!

Stand Juni 2020 werden in den 27 Mitgliedstaaten der EU 24 Amtssprachen verwendet: Bulgarisch, Dänisch, Deutsch, Englisch, Estnisch, Finnisch, Französisch, Griechisch, Irisch, Italienisch, Kroatisch, Lettisch, Litauisch, Maltesisch, Niederländisch, Polnisch, Portugiesisch, Rumänisch, Schwedisch, Slowakisch, Slowenisch, Spanisch, Tschechisch und Ungarisch.

[***Anmerkung:*** Vier Mitgliedstaaten verwenden Amtssprachen anderer Staaten: Belgien (Deutsch, Französisch, Niederländisch), Luxemburg (Deutsch, Französisch), Österreich (Deutsch) und Zypern (Griechisch).]

Großbritannien ist nicht mehr EU-Mitglied, aber Englisch ist Amtssprache in [Irland (neben Irisch) und Malta (neben Maltesisch).]

Die Harmonisierungsrechtsvorschriften der EU liegen also in allen europäischen Amtssprachen vor. Sie sind (als Allgemeingut) im Internet verfügbar. Im Fall der Produktvorschriften sogar mit vollständiger inhaltlicher Übereinstimmung zur nationalen Umsetzung.

Wenn bei Diskussionen mit Kunden und Lieferanten also Produktrichtlinien zitiert bzw. angezogen werden, sind die entsprechenden Regelungen für alle Parteien in der jeweils bevorzugten Sprache frei zugänglich und es ist kein Suchen in nationalen Rechtsakten nötig.
Aus diesem Grund bietet sich das Zitieren der jeweiligen Harmonisierungsrechtsvorschrift an, auch wenn sich aus formaljuristischen Gründen (z. B. in Verträgen) auf die jeweilige nationale Umsetzung bezogen werden müsste.

Lediglich bei Zitierung von Betreiberrichtlinien ist eine eventuelle nationale Abweichung zu eruieren!

## 5.3 Zitieren von Normen

Beim Zitieren von Normen ist auf die korrekte Bezeichnung zu achten!

Zu nennen ist im Minimum

- die Normnummer (Kombination aus Buchstaben und Zahlen) und
- das Ausgabedatum (Monat und Jahr).

Für eine Auflistung von Normen empfiehlt es sich den Normtitel mit aufzunehmen, da dann auch die Normthemen ersichtlich werden.

Bei Normzitaten mit dem Hinweis „gültige Fassung“, „letzte Fassung“ oder „zum Vertragsabschluss gültige Fassung“ – insbesondere in Verträgen! – sind Missverständnisse und unsägliche Diskussionen vorprogrammiert.

Beim Zitieren von ENs ist es übrigens sinnvoll, sich auch wirklich auf die EN zu beziehen, also das Ausgabedatum der EN anzugeben. Dann steht es dem jeweiligen Anwender nämlich frei, mit der ihm zur Verfügung stehenden (nationalen) Ausgabe zu arbeiten.

# 6 Basiswissen Normen

## 6.1 Definition „Norm"

In der DIN EN 45020, Abschn. 3.2 wird „Norm“ folgendermaßen definiert:

> *„Dokument, das mit Konsens erstellt und von einer anerkannten Institution angenommen wurde und das für die allgemeine und wiederkehrende Anwendung Regeln, Leitlinien oder Merkmale für Tätigkeiten oder deren Ergebnisse festlegt, wobei ein optimaler Ordnungsgrad in einem gegebenen Zusammenhang angestrebt wird.*
>
> *ANMERKUNG Normen sollten auf den gesicherten Ergebnissen von Wissenschaft, Technik und Erfahrung basieren und auf die Förderung optimaler Vorteile für die Gesellschaft abzielen.“*

## 6.2 Normenarten nach EN 45020

Die folgenden Fachausdrücke und Definitionen von Normenarten nach EN 45020, Abschn. 5 sollen nicht eine systematische Klassifikation oder umfassende Liste aller möglichen Arten von Normen darstellen. Sie geben nur einige übliche Normenarten an und schließen einander nicht gegenseitig aus:

**Grundnorm**
*Norm, die ein weitreichendes Anwendungsgebiet hat oder allgemeine Festlegungen für ein bestimmtes Gebiet enthält.*

*ANMERKUNG Eine Grundnorm kann als Norm zur direkten Anwendung oder als Basis für andere Normen dienen.*



W. Fellner, *Normung für alle*,
https://doi.org/10.1007/978-3-658-41443-6_6

**Terminologienorm**
*Norm, die sich mit Benennungen beschäftigt, welche üblicherweise mit ihren Definitionen und manchmal mit erläuternden Bemerkungen, Bildern, Beispielen und Ähnlichem mehr versehen sind.*

**Prüfnorm**
*Norm, die sich mit Prüfverfahren beschäftigt, wobei diese fallweise durch andere Festlegungen ergänzt sind, die sich auf die Prüfung beziehen, wie etwa Probenentnahme, Anwendung statistischer Methoden, Reihenfolge der einzelnen Prüfungen.*

**Produktnorm**
*Norm, die Anforderungen festlegt, die von einem Produkt oder einer Gruppe von Produkten erfüllt werden müssen, um deren Zweckdienlichkeit sicherzustellen.*

*ANMERKUNG 1 Eine Produktnorm darf, zusätzlich zu den Zweckdienlichkeitsanforderungen, direkt oder durch Bezugnahme, auch andere Aspekte umfassen, wie etwa Terminologie, Probenentnahme, Prüfung, Verpackung, Etikettierung und, fallweise, auch Anforderungen an die (Herstellungs-)Prozesse.*

*ANMERKUNG 2 Eine Produktnorm kann entweder vollständig und umfassend sein oder nicht, je nachdem, ob sie alle oder nur einen Teil der notwendigen Anforderungen festlegt. In dieser Hinsicht kann man zwischen Abmessungsnormen, Werkstoffnormen und Liefernormen (Normen mit technischen Lieferbedingungen) unterscheiden.*

**Verfahrensnorm**
*Norm, die Anforderungen festlegt, die durch Verfahren erfüllt werden müssen, um die Zweckdienlichkeit sicherzustellen.*

**Dienstleistungsnorm**
*Norm, die Anforderungen festlegt, die durch eine Dienstleistung erfüllt werden müssen, um die Zweckdienlichkeit sicherzustellen.*

*ANMERKUNG Dienstleistungsnormen können in Gebieten wie etwa Reinigung (Wäscherei), Führung von Beherbergungsbetrieben, Transport, Wartung von Kraftfahrzeugen, Telekommunikation, Versicherung, Bankwesen und Handel erstellt werden.*

**Schnittstellennorm**
*Norm, die Anforderungen festlegt, die sich mit der Kompatibilität (Verträglichkeit) von Produkten oder Systemen an Verbindungsstellen beschäftigen.*

**Norm für anzugebende Daten**
*Norm, die eine Liste von Charakteristiken enthält, für welche Werte oder andere Daten anzugeben sind, um das Produkt, den Prozess oder die Dienstleistung zu beschreiben.*

***Anmerkung: Einige derartige, typische Normen sehen Daten, die vom Lieferanten, andere solche, die vom Käufer anzugeben sind, vor.***

## 6.3 Normen zur Sicherheit von Maschinen und Geräten

Im Bereich Sicherheit von Maschinen und Geräten hat sich herausgestellt, dass eine **hierarchische** Dreiteilung von Normen sinnvoll ist.

Diese wird in der EN ISO 12100 und dem CEN Guide 414 [1] bzw. ISO Guide 78 [2] folgendermaßen definiert (vgl. [3]):

### 6.3.1 Typ-A-Norm: Sicherheitsgrundnorm

Norm, die Grundbegriffe, Gestaltungsleitsätze und allgemeine Aspekte enthält, die auf Maschinen angewandt werden können („horizontale Normung"). Wegen des eher grundsätzlichen Charakters dieses Normentyps kann ein Hersteller oder Inverkehrbringer, dessen Maschine den Anforderungen einer Typ-A-Norm innerhalb von deren Anwendungsgrenzen entspricht, nur bedingt davon ausgehen, dass damit zugleich die grundlegenden Sicherheits- und Gesundheitsschutzanforderungen der Maschinenrichtlinie 2006/42/EG vollständig erfüllt wurden („indirekte" Vermutungswirkung). Um volle Richtlinienkonformität unterstellen zu können, sind in jedem Fall weitere harmonisierte Typ-B- und/oder Typ-C-Normen hinzuzuziehen!

**Beispiel**

EN ISO 12100 „Sicherheit von Maschinen – Allgemeine Gestaltungsleitsätze – Risikobeurteilung und Risikominderung".◄

### 6.3.2 Typ-B-Norm: Sicherheitsfachgrundnorm

Norm, die einen Sicherheitsaspekt oder eine Art von Schutzeinrichtungen behandelt, die für eine ganze Reihe von Maschinen verwendet werden können.

Typ-B1-Norm:
**Typ-B-Norm für bestimmte Sicherheitsaspekte**
(z. B. Sicherheitsabstände, Oberflächentemperatur, Lärm).

**Beispiele**

EN ISO 13857 „Sicherheit von Maschinen – Sicherheitsabstände gegen das Erreichen von Gefährdungsbereichen mit den oberen und unteren Gliedmaßen“

EN ISO 13732-1, -3 „Ergonomie der thermischen Umgebung – Bewertungsverfahren für menschliche Reaktionen bei Kontakt mit Oberflächen – Teil 1: Heiße Oberflächen, Teil 3: Kalte Oberflächen“

EN ISO 11688-1, -2 „Akustik – Richtlinien für die Konstruktion lärmarmer Maschinen und Geräte – Teil 1: Planung, Teil 2: Einführung in die Physik der Lärmminderung durch konstruktive Maßnahmen“

EN ISO 19353 „Sicherheit von Maschinen – Vorbeugender und abwehrender Brandschutz“.◄

- Typ-B2-Norm:
- **Typ-B-Norm für Schutzeinrichtungen**

(z. B. Zweihandschaltungen, Verriegelungseinrichtungen,

- druckempfindliche Schutzeinrichtungen, trennende Schutzeinrichtungen).

**Beispiele**

EN ISO 13850 „Sicherheit von Maschinen – Not-Halt-Funktion – Gestaltungsleitsätze“

EN ISO 13851 „Sicherheit von Maschinen – Zweihandschaltungen – Funktionelle Aspekte und Gestaltungsleitsätze“

EN ISO 14118 „Sicherheit von Maschinen – Verm eidung von unerwartetem Anlauf"

EN ISO 14119 „Sicherheit von Maschinen – Verriegelungseinrichtungen in Verbindung mit trennenden Schutzeinrichtungen – Leitsätze für Gestaltung und Auswahl".◀

Falls für eine bestimmte Maschine keine produktspezifische Norm vorhanden ist oder Gefährdungen zu betrachten sind, die darin nicht behandelt werden, dienen die Festlegungen entsprechender Typ-B-Normen dazu, die grundlegenden Anforderungen an eine besondere Maschine näher zu spezifizieren.

### 6.3.3 Typ-C-Norm: Maschinensicherheitsnormen

Norm, die detaillierte Sicherheitsanforderungen für eine bestimmte Maschine oder Gruppe von Maschinen behandelt. („vertikale Normung"). Üblicherweise verweisen Typ-C-Normen soweit wie möglich auf die Festlegungen der hierarchisch übergeordneten Typ-A- und Typ-B-Normen. Darüber hinaus werden maschinenspezifische Festlegungen getroffen. Da die speziellen Festlegungen einer Typ-C-Norm von denen abweichen können, die in entsprechenden Typ-A- und B-Normen jeweils für eine größere Gruppe von Maschinen getroffen wurden, haben die Festlegungen einer Typ-C-Norm stets Vorrang. Insofern geht nur von Typ-C-Normen eine uneingeschränkte Vermutungswirkung im Hinblick auf die Erfüllung der grundlegenden Sicherheits- und Gesundheitsschutzanforderungen der Maschinenrichtlinie 2006/42/EG aus.

**Beispiele**

Normenreihe EN 81 „Sicherheitsregeln für die Konstruktion und den Einbau von Aufzügen",

Normenreihe EN 1870 „Sicherheit von Holzbearbeitungsmaschinen – Kreissägemaschinen",

Normenreihe EN 415-4 „Sicherheit von Verpackungsmaschinen"◀

## 6.4 Gestaltung von Normen

Seitens des DIN wurden in der Normenreihe DIN 820 Festlegungen zum Thema Normungsarbeit zusammengefasst, die auf europäischer und internationaler Ebene größtenteils übernommen wurden: Die zweisprachige DIN 820-2 („Normungsarbeit – Teil 2: Gestaltung von Dokumenten") ist identisch als CEN-CENELEC-Geschäftsordnung – Teil 3 („Regeln für den Aufbau und die Abfassung von CEN/CENELEC-Publikationen") und auch als ISO/IEC-Direktive – Teil 2 (modifiziert) übernommen worden.

In den letzten Jahren wurde die Norm neu geordnet und mehrmals überarbeitet: Formulierungen wurden, soweit möglich, vereinfacht und weitere Beispiele wurden aufgenommen. Die Auffindbarkeit der Informationen wurde erleichtert und eine handhabbare Unterlage für die Gestaltung von Dokumenten über die nationale Normungsebene hinaus zur Verfügung gestellt.

### 6.4.1 Gliederung von Normen

Eine für alle Normenarten verwendbare Gliederung kann es zwar nicht geben, doch eine grundsätzliche Gliederung ist sicherlich sinnvoll. Inzwischen sind die Vorgaben zur Gliederung verschlankt worden und es werden nur noch folgende Bestandteile definiert:

- Titel
- Vorwort
- Einleitung (gegebenenfalls)
- Anwendungsbereich
- Normative Verweisungen
- Begriffe
- Symbole und Abkürzungen (gegebenenfalls)
- Technischer Inhalt
- Anhänge (gegebenenfalls)
- Literaturhinweise (gegebenenfalls)

***Anmerkung:***
Im nationalen Anhang der DIN sind allerdings zusätzliche Forderungen für Maß-, Liefer- und Stoffnormen definiert (siehe DIN 820-2:2022-12 NA.2 Gliederungsschema für spezielle Normenarten).

### 6.4.2 Verbformen zur Formulierung von Festlegungen

Damit unterschiedliche Interpretationen einer Norm und auch anderer technischer Dokumente vermieden werden, ist es erforderlich, die Bedeutung bestimmter Schlüsselvokabeln exakt zu definieren. Von wesentlicher Bedeutung sind hierbei die sogenannten „modalen Hilfsverben", welche Gebote, Verbote, Erlaubnisse, Möglichkeiten, Empfehlungen und Ermessensspielräume festlegen und eindeutig voneinander abgrenzen. Das Verständnis dieser Sprachregelung ist für die korrekte, aber auch für die pragmatische Anwendung einer Norm wichtig.

Die DIN 820-2:2022-12 definiert hierzu im Abschn. 7 die bevorzugten Verbformen für

| | | | |
|---|---|---|---|
| Anforderung: | muss, | engl.: shall | [DIN 820-2:2022-12, Tabelle 3] |
| Empfehlung: | sollte, | engl.: should | [DIN 820-2:2022-12, Tabelle 4] |
| Zulässigkeit: | darf, | engl.: may | [DIN 820-2:2022-12, Tabelle 5] |
| Möglichkeit/Vermögen: | kann, | engl.: can | [DIN 820-2:2022-12, Tabelle 6] |

### 6.4.3 Verweise in Normen

Anstelle der Wiederholung eines Originaltextes sollte auf jene Textteile verwiesen werden, denn bei einer Wiederholung können Fehler oder Widersprüche eingebracht und der Umfang des Dokuments vergrößert werden.

Laut DIN 820-2 können Verweisungen

- auf andere Teile des Dokuments (z. B. Abschnitt, Tabelle oder Bild) oder
- auf andere Dokumente oder Veröffentlichungen erfolgen,

- informativ oder
- normativ sein,

- datiert oder
- undatiert sein.

Bezüglich entsprechender Festlegungen sei hier auf die DIN 820-2 selbst verwiesen.

### 6.4.4 Hinweis zur Normbeschaffung

Die Normbeschaffung ist lizenzrechtlichen Gegebenheiten unterworfen. Je nach benötigtem Umfang, Varianz der Themengebiete, Gestaltung des Revisionsdienstes und Verfügbarkeitsart der Dokumente werden von den Normungsinstituten oder normvertreibenden Unternehmen die unterschiedlichsten Abonnement- und Ermäßigungssysteme angeboten. Eine ausführliche Marktanalyse ist für die Normbeschaffung daher in jedem Fall unerlässlich.

Normen können über Vertriebsgesellschaften oder direkt bei den Normungsorganisationen bezogen werden. Eine Ausnahme bilden die europäischen Normungsinstitute (CEN/CENELEC/ETSI), die keine Normdokumente vertreiben. Aufgrund der Übernahme der ENs durch die nationalen Normungsorganisationen sind diese nur dort erhältlich.

Normbeschaffung bedingt ein Normen-Management. Dass dieses Thema sehr komplex ist, zeigen folgende Aspekte [4]:

Eine Normen-Management-Lösung besteht aus Metadaten, Service, Software, Dokumenten und Lizenzen.

Es ist festzulegen, welche Prozesse unterstützt werden sollen, wie:

- Dokumente finden:
  - Dokumentennummern,
  - Klassifikation-ICS,
  - Recherche in bis zu 58 Metadatenfeldern und deren Kombinationen,
  - Klassifikation 2 oder Projekte,
  - Profile und Öffentliche Ordner,
  - PRAWN-Suche und CE-Suche
- Dokumente anfordern – Bestellmanagement:
  - Anforderung durch User inkl. Bestellinformationen,
  - Doppelbestellungen vermeiden,
  - Rückmeldung an alle Beteiligten bei Statusänderungen der Anforderung,
  - Bestellmanagement (Übersicht nach Bestellstatus, Prüfung/Freigabe, Beschaffung über WebShop/Sofortkauf, Dokumenteinbindung etc.),
  - Bestellverwaltung (Perinorm = zentral oder z. B. Beuth e-NORM = zentral/dezentral bei Mandantenfähigkeit pro Standort/Gesellschaft),
  - Lizenzmanagement für Einzelplatzlizenzen, Mehrfachzugriffe (Abteilungen, Grup pen, Standorte), Simultanzugriffe

- Dokumente überwachen:
  - Anforderung aus dem Qualitätsmanagement (Dokumente bewerten, diese bei Bedarf aktualisieren und erneut genehmigen (Auszug aus DIN EN ISO 9001)),
  - Prozesse (Informationsmanagement der „richtigen“ Stellen im Unternehmen), Funktionen (Kennzeichnung von eigenen und zugeordneten Favoritenlisten (Projekte, Gruppen, Standorte, Abteilungen, Unternehmen) und regelmäßige Informationen zu Aktualisierungen per E-Mail oder in Favoritenübersichten)
- Dokumente erfassen, prüfen und freigeben:
  - Dokumentarten wie Werknormen, Kundenspezifika, QS-Dokumente etc.,
  - neue Metadaten erfassen und Dokumente verknüpfen,
  - Metadaten kopieren, in Beuth e-NORM zusätzlich Verweise mitkopieren und Aktualisierungsstatus automatisch setzen,
  - eigene Dokumentenfelder können verwendet werden – wie Textfelder in Beuth e-NORM, zusätzlich Dropdownfelder oder eigenes Klassifikationssystem,
  - Prüf-und Freigabeworkflow in Beuth e-NORM.

Weitere Punkte zu Softwarefunktionen sind:

Corporate Design, Mehrsprachigkeit, Ext. Zugriff v. Drittsystemen, Zugriffssteuerung/Lizenzrechte, Volltextsuche, Alert-Funktion, differenzierte Rollenvergabe, Verzeichnisdienstanbindung, Customizing, Stempelfunktion, Suchfilter, Datenex- und -import, Statistiken, Druckfunktion, Search-Service, Journaling, Prüf-u. Freigabeworkflow.

Für weitere Informationen siehe z. B. https://www.beuth.de/de/normen-management, Beuth Normen-Management-Lösungen Whitepaper (https://www.beuth.de/de/normen-management/whitepaper-nml) oder kontaktieren Sie Beuth direkt.

## Literatur

1. CEN GUIDE 414 „Sicherheit von Maschinen – Regeln für die Abfassung und Gestaltung von Sicherheitsnormen“ Edition 3, 2017-10-11 https://boss.cen.eu/media/CEN/ref/cen_414_d.pdf
2. ISO Guide 78 : 2012 „Safety of machinery – Rules for drafting and presentation of safety standards“ https://isotc.iso.org/livelink/livelink/fetch/2000/2122/4230450/8389141/ISO_Guide_78_2012%28E%29_-_Safety_of_machinery_%2D%2D_Rules_for_drafting_and_presentation_of_safety_standards.pdf?nodeid=8387150&vernum=-2

3. KANN Studien „Beitrag der arbeitsschutzrelevanten Normung zur Umsetzung der UN-Behindertenrechtskonvention“ Juli 2016 https://www.kan.de/fileadmin/Redaktion/Dokumente/KAN-Studie/de/2016_KAN-Studie_UN-BRK_bf.pdf
4. Webinar_Beuth_Normen-Management-Lösungen, 16. Juni 2020, Kristin Weichelt, Christoph Hölzl bzw. Beuth Whitepaper Normenmanagement, So finden Sie Ihr perfektes Normen-Management-System, Daniela Trescher, 2017 bzw. Normenmanagement – So finden Sie Ihr perfektes Normen-Management-System, 2017: https://www.beuth.de/kampagne/nm-de/download-whitepaper-beuth-normen-manager

# 7 Basiswissen zur europäischen Richtlinie 2014/68/EU (DGRL)

## 7.1 Allgemeines zur Druckgeräterichtlinie

„Druck“ stellt eine besondere Gefahr dar. Daher war bereits ab 29.05.2002 die EG-Richtlinie 97/23/EG verbindlich anzuwenden. Da sich einige Randbedingungen durch das NLF geändert haben, wurde eine Novellierung notwendig und die Richtlinie wurde überarbeitet. Seit dem 19.07.2016 ist nun die EU-Richtlinie 2014/68/EU, allgemein als „Druckgeräterichtlinie“ (DGRL, engl.: Pressure Equipment Directive, PED) bezeichnet, eine verbindlich anzuwendende Produktvorschrift.

Die Richtlinie gilt für die Auslegung, Fertigung und Konformitätsbewertung von Druckgeräten und Baugruppen aus Druckgeräten mit einem maximal zulässigen Druck von mehr als 0,5 bar über dem Atmosphärendruck, d. h. 1,5 bar absoluter Druck. Ausnahmen sind im Artikel 1, Abs. 2, DGRL definiert.

Begriffe gemäß DGRL:
***Druckgeräte*** *sind Behälter, Rohrleitungen, Ausrüstungsteile mit Sicherheitsfunktion und druckhaltende Ausrüstungsteile, gegebenenfalls einschließlich an drucktragenden Teilen angebrachter Elemente (…).*

***Behälter*** *ist ein geschlossenes Bauteil, das zur Aufnahme von unter Druck stehenden Fluiden ausgelegt und gebaut ist, einschließlich der direkt angebrachten Teile bis hin zur Vorrichtung für den Anschluss an andere Geräte; ein Behälter kann mehrere Druckräume aufweisen.*

***Rohrleitungen*** *sind zur Durchleitung von Fluiden bestimmte Leitungsbauteile, die für den Einbau in ein Drucksystem miteinander verbunden sind (…).*

 
W. Fellner, *Normung für alle*,
https://doi.org/10.1007/978-3-658-41443-6_7

***Ausrüstungsteile mit Sicherheitsfunktion*** *sind Einrichtungen, die zum Schutz des Druckgeräts bei einem Überschreiten der zulässigen Grenzen bestimmt sind (…).*

***Baugruppen*** *sind mehrere Druckgeräte, die von einem Hersteller zu einer zusammenhängenden funktionalen Einheit verbunden werden.*

***Hersteller*** *ist jede natürliche oder juristische Person, die ein Druckgerät oder eine Baugruppe herstellt bzw. entwickeln oder herstellen lässt und dieses Druckgerät oder diese Baugruppe unter ihrem eigenen Namen oder ihrer eigenen Handelsmarke vermarktet oder für eigene Zwecke verwendet.*

Reduziert auf die Pflichten des Herstellers regelt die Druckgeräterichtlinie die:

- Durchführung einer Analyse der Gefahren und Risiken
- Einstufung des Druckgerätes bzw. der Baugruppe nach dem Gefahrenpotenzial
- Definition der zu erfüllenden „grundlegenden Sicherheitsanforderungen"
- Festlegung von Konformitätsbewertungsverfahren und entsprechende Durchführung bzw. siehe Artikel 6, DGRL.

### 7.1.1 Durchführung einer Analyse der Gefahren und Risiken

Die DGRL schreibt im Anhang I, 3. Vorbemerkung vor: *„Der Hersteller ist verpflichtet, eine Analyse der Gefahren und Risiken vorzunehmen, um die mit seinem Gerät verbundenen druckbedingten Gefahren und Risiken zu ermitteln; er muss das Gerät dann unter Berücksichtigung seiner Analyse auslegen und bauen."*

Der Hersteller soll also analysieren, für welche Bedingungen das Druckgerät auszulegen ist und diese auflisten. Im Prinzip geht es um Festlegung der Grenzen, Identifizierung der Gefährdungen, Sichere Konstruktion, technische Schutzmaßnahmen, Unterrichtung der Benutzer und diese Analyse ist Bestandteil der Dokumentation gemäß DGRL.

Zur Analyse der Gefahren und Risiken empfiehlt sich die Nutzung von AD 2000 Merkblatt Z1 und Z2 (sinnvoll bei Anwendung von AD 2000) oder VAIS Merkblatt 27 (VAIS-MB 11), aber es gibt inzwischen auch von einigen notifizierten Stellen entsprechende Vorlagen.

Zusätzlich zu den Bestimmungen der DGRL sind für den Betrieb von Druckgeräten vom Betreiber einer Anlage Arbeitsschutzbestimmungen zu erfüllen. In Deutschland ist z. B. in der Betriebssicherheitsverordnung und auch im

Arbeitsschutzgesetz eine Gefährdungsanalyse vorgeschrieben, die nicht mit der Gefahrenanalyse nach DGRL identisch ist.

(Gefahr ist das Vorhandensein von Bedingungen, die Menschen oder Sachgüter beschädigen können. Gefährdung ist das räumliche und zeitliche Zusammentreffen von Mensch und Gefahr.)

Risiko ist die Kombination der Wahrscheinlichkeit des Eintritts eines Schadens und seines Schadensausmaßes (EN ISO:12100 : 2010-11).

### 7.1.2 Einstufung nach dem Gefahrenpotenzial

Das Druckgerät bzw. die Baugruppe ist entsprechend dem Gefahrenpotenzial in Kategorien einzustufen. Die anzuwendende Kategorie ist abhängig

- von der Art (Behälter/Dampferzeuger/Rohrleitung)
- vom Aggregatzustand des vorgesehenen Fluides,
- von der Fluidgruppe des vorgesehenen Fluides,
- vom maximal zulässigen Druck und
- von der Nennweite (bei Rohrleitungen) oder Volumen (bei Behältern).

### 7.1.3 Bestimmung des Aggregatzustandes

Die DGRL definiert:

- „Gase“: Gase, verflüssigte Gase, unter Druck gelöste Gase, Dämpfe und diejenigen Flüssigkeiten, deren Dampfdruck bei der zulässigen maximalen Temperatur um mehr als 0,5 bar über dem normalen Atmosphärendruck (1013 mbar) liegt.
- „Flüssigkeiten“: Flüssigkeiten, deren Dampfdruck bei der zulässigen maximalen Temperatur um höchstens 0,5 bar über dem normalen Atmosphärendruck (1013 mbar) liegt.

### 7.1.4 Bestimmung der Fluidgruppe

Die DGRL definiert zwei Gruppen:

- **Gruppe 1**:
  Gefährliche Stoffe und Gemische entsprechend Verordnung (EG) Nr. 1272/2008, „CLP-Verordnung" [1] (siehe auch Leitlinie B-41 [2], bzw. siehe Tab. 7.1).
- **Gruppe 2**:
  alle Fluide, die nicht in Gruppe 1 fallen.

### 7.1.5 Bestimmung der Kategorie

Die Bestimmung der Kategorie erfolgt mit Hilfe eines der Diagramme im Anhang II, DGRL, und zwar für

- Behälter:
  - Gas, Fluidgruppe 1 — Diagramm 1
  - Gas, Fluidgruppe 2 — Diagramm 2
  - Flüssigkeit, Fluidgruppe 1 — Diagramm 3
  - Flüssigkeit, Fluidgruppe 2 — Diagramm 4
- überhitzungsgefährdete Druckgeräte — Diagramm 5
- Rohrleitungen:
  - Gas, Fluidgruppe 1 — Diagramm 6
  - Gas, Fluidgruppe 2 — Diagramm 7
  - Flüssigkeit, Fluidgruppe 1 — Diagramm 8
  - Flüssigkeit, Fluidgruppe 2 — Diagramm 9
- Druck haltende Ausrüstungsteile:
  Je nachdem, ob für die Einstufung das Volumen oder die Nennweite als das geeignete Kriterium gehalten wird, ist das entsprechende Diagramm zu verwenden.
  Werden sowohl das Volumen als auch die Nennweite als geeignet angesehen, so ist das druckhaltende Ausrüstungsteil in die jeweils höhere Kategorie einzustufen.
- Ausrüstungsteile mit Sicherheitsfunktion:

**Tab. 7.1** Klassifizierung der Fluide [Leitlinie B-41 [2]]

| | CLP Gefahrenklassen und -kategorien | Gefahrenhinweis |
|---|---|---|
| (i) | Instabile explosive oder explosive Stoffe/Gemische der Unterklassen 1.1, 1.2, 1.3, 1.4 und 1.5 | H200, H201, H202, H203, H204, H205 |
| (ii) | Entzündbare Gase der Kategorien 1 und 2 *(Anmerkung: Dies schließt instabile Gase mit ein.)* | H220, H221, *H230, H231* |
| (iii) | Oxidierende Gase der Kategorie 1 | H270 |
| (iv) | Entzündbare Flüssigkeiten der Kategorien 1 und 2 | H224, H225 |
| (v) | Entzündbare Flüssigkeiten der Kategorie 3, wenn max. zul. Temp. über dem Flammpunkt liegt | H226 |
| (vi) | Entzündbare Feststoffe der Kategorien 1 und 2 | H228 |
| (vii) | Selbstzersetzliche Stoffe und Gemische der Typen A bis F | H240, H241, H242 |
| (viii) | Pyrophore Flüssigkeiten der Kategorie 1 | H250 |
| (ix) | Pyrophore Feststoffe der Kategorie 1 | H250 |
| (x) | Stoffe und Gemische, die in Berührung mit Wasser entzündbare Gase entwickeln, Kat. 1, 2 u. 3 | H260, H261 |
| (xi) | Oxidierende Flüssigkeiten der Kategorien 1, 2 und 3 | H271, H272 |
| (xii) | Oxidierende Feststoffe der Kategorien 1, 2 und 3 | H271, H272 |
| (xiii) | Organische Peroxide der Typen A bis F | H240, H241, H242 |
| (xiv) | Akute orale Toxizität, Kategorien 1 und 2 | H300 |
| (xv) | Akute dermale Toxizität, Kategorien 1 und 2 | H310 |
| (xvi) | Akute inhalative Toxizität, Kategorien 1, 2 und 3 | H330, H331 |

(Fortsetzung)

**Tab. 7.1** (Fortsetzung)

| | CLP Gefahrenklassen und -kategorien | Gefahrenhinweis |
|---|---|---|
| (xvii) | Spezifische Zielorgan-Toxizität – einmalige Exposition, Kategorie 1 | H370 |
| Zudem umfasst Gruppe 1 Stoffe und Gemische, deren maximal zulässige Temperatur TS über dem Flammpunkt des Fluids liegt. | | |

- Ausrüstungsteile mit Sicherheitsfunktion:
  Diese Teile werden grundsätzlich in die Kategorie IV eingestuft. Als Ausnahme hiervon können jedoch für spezifische Geräte hergestellte Ausrüstungsteile mit Sicherheitsfunktion in dieselbe Kategorie wie das zu schützende Gerät eingestuft werden.
- Baugruppen:
  Baugruppen sind mindestens in die höchste Kategorie der verwendeten Druckgeräte einzustufen.

Innerhalb des Diagramms sind für die Einstufung

- der maximal zulässige Druck (PS) und
- bei Behältern das Volumen (V) bzw. bei Rohrleitungen die Nennweite (DN) maßgebend.

Abb. 7.1 zeigt als Beispiel das Diagramm 6, Anhang II, DGRL.

Für eine Rohrleitung, Fluidgruppe 1, gasförmig, mit 3 bar max. zul. Druck und DN 200 ergibt sich die Kategorie II.

***Hinweise:***

- In den Diagrammen werden die Höchstwerte gezeigt, d. h. kommt man genau auf eine Grenze, entspricht dies der niedrigeren Kategorie: „Grenzen müssen überschritten werden."
- Bei Anwendung der Diagramme sind die (unter dem Diagramm erwähnten) Ausnahmen zu beachten!

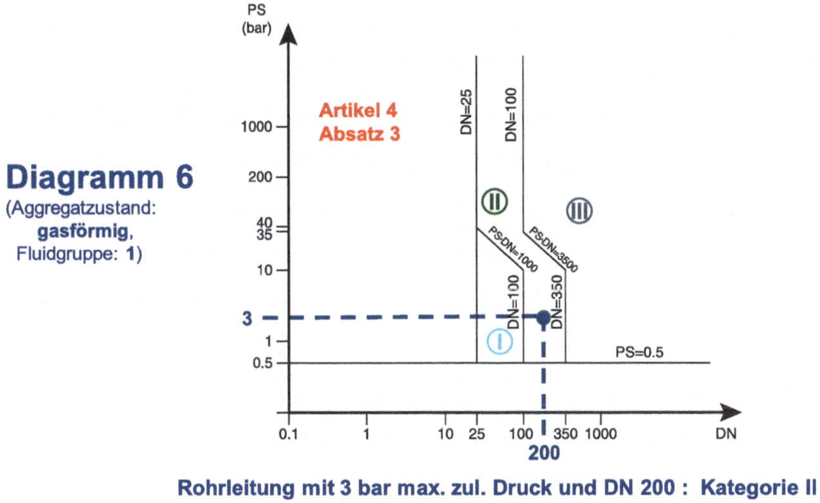


**Abb. 7.1** Beispiel zur Ermittlung der Kategorie anhand Diagramm 6, Anhang II, DGRL

## 7.1.6 Festlegung von Konformitätsbewertungsverfahren

Entsprechend der ermittelten Kategorie ist das anzuwendende Modul festzulegen (siehe Tab. 7.2).

Hierbei steht es dem Hersteller frei, ein höherwertiges Modul zu verwenden.

*Hinweis:*
Für Rohrleitungen kommen nur Kategorien bis III zur Anwendung.

**Tab. 7.2** Zugeordnete Module [Anhang DGRL]

| | |
|---|---|
| Kategorie I | Modul A |
| Kategorie II | Modul A2, D1 oder E1 |
| Kategorie III | Modul B (Entwurfsmuster) + D, B (Entwurfsmuster) + F, B (Baumuster) + E, B (Baumuster) + C2 oder H |
| Kategorie IV | Modul B (Baumuster) + D, B (Baumuster) + F, G oder H1 |

**Tab. 7.3** Module gemäß Anhang III, DGRL

| | |
|---|---|
| **A** | **Interne Fertigungskontrolle** |
| **A2** | **Interne Fertigungskontrolle mit überwachten Druckgeräteprüfungen in unregelmäßigen Abständen** |
| B (Baumuster) | EU-Baumusterprüfung (Baumuster) |
| **B (Entwurfsmuster)** | **EU-Baumusterprüfung (Entwurfsmuster)** |
| C2 | Konformität mit der Bauart auf der Grundlage einer internen Fertigungskontrolle mit überwachten Druckgeräteprüfungen in unregelmäßigen Abständen |
| D | Konformität mit der Bauart auf der Grundlage einer Qualitätssicherung bezogen auf den Produktionsprozess |
| D1 | Qualitätssicherung bezogen auf den Produktionsprozess |
| E | Konformität mit der Bauart auf der Grundlage einer Qualitätssicherung bezogen auf das Druckgerät |
| E1 | Qualitätssicherung von Endabnahme und Prüfung der Druckgeräte |
| **F** | **Konformität mit der Bauart auf der Grundlage einer Prüfung der Druckgeräte** |
| **G** | **Konformität auf der Grundlage einer Einzelprüfung** |
| H | Konformität auf der Grundlage einer umfassenden Qualitätssicherung |
| H1 | Konformität auf der Grundlage einer umfassenden Qualitätssicherung mit Entwurfsprüfung |
| **Übliche Module für Rohrleitungen in Chemieanlagen** | |

Tab. 7.3 enthält die Bezeichnung der zur Verfügung stehenden Module (Anhang III, DGRL).

## 7.2 Vereinfachte Ablaufdiagramme zur Bestimmung des Moduls für Behälter und Rohrleitungen

Abb. 7.2 und 7.3 zeigen vereinfachte Ablaufdiagramme.

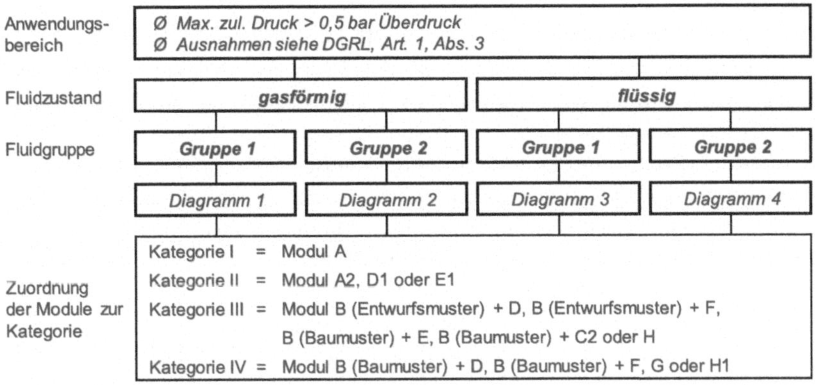


**Abb. 7.2** Vereinfachtes Ablaufdiagramm für Behälter

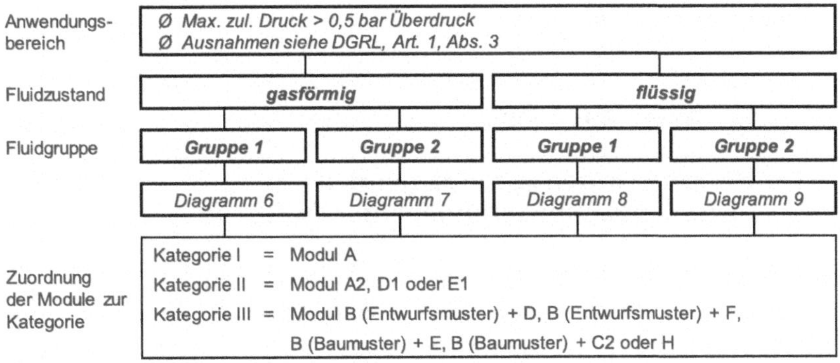


**Abb. 7.3** Vereinfachtes Ablaufdiagramm für Rohrleitungen

Für industrielle Rohrleitungen bietet sich folgende Zuordnung an

Kategorie *I* = Modul *A*
Kategorie *II* = Modul A2,
Kategorie *III* = Modul B (Entwurfsmuster) + F [gerne auch Modul G].

***Anmerkung:***
Für industrielle Rohrleitungen der Kategorie III wird anstelle der Modulkombination B (Entwurfsmuster) + F gerne das Modul G verwendet. Einziger Unterschied ist, dass bei der Modulkombination B1 + F unterschiedliche **„notifizierte Stellen"** gewählt werden können, bei Modul G liegen alle Prüfungen bei einer **„notifizierten Stelle"**. Bei Rohrleitungen in chemischen Anlagen ergibt dies Sinn, da nötige Montagedokumentationen (Schweißverfahrensspezifikationen [WPS, Welding Procedure Specification], Schweißverfahrensprüfungen [PQR, Procedure Qualification Record] und Schweißerqualifikationen [WPQ, Welder Performance Qualification]), die für Modul B (Entwurfsmuster) benötigt werden, zum Zeitpunkt der Entwurfsprüfungen nicht vorliegen (können). Bei einer hohen Anzahl von Rohrleitungen ist eine Trennung der Entwurfs- und Produktprüfung zudem sehr hinderlich, weil die zu prüfende Dokumentation eigens zusammengestellt werden müsste.

Nach Auswahl des Moduls hat der Hersteller entsprechende Anforderungen zu erfüllen und kann dann die Konformitätserklärung erstellen und die CE-Kennzeichnung anbringen.

## 7.3 Hinweise zur DGRL

### 7.3.1 Hinweis zu den „grundlegenden Sicherheitsanforderungen" der DGRL

Entgegen der Philosophie der Harmonisierungsrechtsvorschrift der EU wurden aufgrund des hohen Gefahrenpotenzials, das von Druckgeräten ausgehen kann, in der DGRL einige technische Anforderungen im Anhang I, Abschn. 7 festgelegt, und zwar zu zulässigen Belastungen, Verbindungskoeffizienten (Schweißverbindungen), Einrichtungen zur Druckbegrenzung, hydrostatischem Prüfdruck und Werkstoffeigenschaften.

Die Übereinstimmung mit den „grundlegenden Sicherheitsanforderungen" der DGRL

- wird durch die Anwendung von harmonisierten Normen
  (z. B. die Normenreihe EN 13445 für unbefeuerte Druckbehälter, EN 13480 für industrielle Rohrleitungen, EN 12952 für Wasserrohrkessel, EN 12953 für Großwasserraumkessel) angenommen (Konformitätsvermutung), oder

- der Hersteller muss einen formellen Nachweis über eine notifizierte Stelle führen, dass der von ihm gewählte Code (z. B. AD 2000-Regelwerk, CODAP 2000, BS 5500, ASME Boiler and Pressure Vessel Code) in Verbindung mit eventuell erforderlichen zusätzlichen Maßnahmen zur Erfüllung der DGRL geeignet ist.

### 7.3.2 Hinweis zur Dokumentation gemäß DGRL

Der Hersteller hat die technischen Unterlagen zu erstellen. Anhand dieser muss es möglich sein, die Übereinstimmung des Druckgeräts mit den betreffenden Anforderungen zu bewerten, sie müssen eine geeignete Risikoanalyse und -bewertung enthalten.

Was mit technischen Unterlagen gemeint ist, wird in der DGRL folgendermaßen umschrieben:

*„Die technischen Unterlagen enthalten gegebenenfalls zumindest folgende Elemente:*

- *eine allgemeine Beschreibung des Druckgeräts;*
- *Entwürfe, Fertigungszeichnungen und -pläne von Bauteilen, Unterbaugruppen, Schaltkreisen usw.;*
- *Beschreibungen und Erläuterungen, die zum Verständnis dieser Zeichnungen und Pläne sowie der Funktionsweise des Druckgeräts erforderlich sind;*
- *eine Aufstellung, welche harmonisierten Normen, deren Fundstellen im Amtsblatt der Europäischen Union veröffentlicht wurden, vollständig oder in Teilen angewandt worden sind, sowie eine Beschreibung, mit welchen Lösungen die wesentlichen Sicherheitsanforderungen dieser Richtlinie erfüllt worden sind, wenn die genannten harmonisierten Normen nicht angewandt wurden; im Fall von teilweise angewandten harmonisierten Normen werden die Teile, die angewandt wurden, in den technischen Unterlagen angegeben;*
- *die Ergebnisse der Konstruktionsberechnungen, Prüfungen usw.;*
- *Prüfberichte;“*

(siehe DGRL, Modul A, A2, D1, E1 und G jeweils 2. „Technische Unterlagen“, Modul B (Entwurfsmuster) 3.1.3, Modul B (Baumuster) 3.2.2, Modul H 3.1 und H1 3.1 und 4.2.).

Die interne Dokumentation umfasst alle Unterlagen von der Entwicklung bis zur Produktion eines Produktes, verbleibt beim Hersteller und besteht im Wesentlichen aus:

- Planungs- und Konstruktionsdokumenten
- Risikoanalyse und -bewertung
  (das Dokument kann auch nur aus Verweisen auf einzelne Dokumente bestehen),
- Nachweis der Kategorisierung
  (z. B. in der Beschreibung des Druckgeräts oder Rohrleitungslisten)
- Einzelgutachten zu den Werkstoffen
  (engl.: Particular Material Appraisal, PMA), wenn Werkstoffe verwendet werden, die nicht harmonisierten Normen entsprechen (z. B. bei Verwendung von ASME- bzw. ASTM-Werkstoffen)
- Schweißverfahrensprüfungen
  (= Nachweis des Schweißverfahrens an sich)
- Schweißverfahrensspezifikationen
  (= Beschreibung des Schweißverfahrens)
- Schweißerqualifikation
  (= Nachweis der Schweißerbefähigung)
- bei Verwendung des Moduls B (Baumuster):
  EU-Baumusterprüfbescheinigung (für Baumuster)
  (engl.: EU-type examination certificate – production type)
  (= Bescheinigung einer notifizierten Stelle bzgl. Konformität eines Baumusters mit der DGRL)
- Verwendung des Moduls B (Entwurfsmuster)
  EU-Baumusterprüfbescheinigung (für Entwurfsmuster)
  (engl.: EU-type examination certificate – design type)
  (= Bescheinigung einer notifizierten Stelle bzgl. Konformität eines Entwurfs mit der DGRL)
- bei Beteiligung einer notifizierten Stelle: Bericht über den Besuch (visit report), Prüfbericht (test report) und/oder Konformitätsbescheinigung (Certificate of conformity) (Bescheinigung einer notifizierten Stelle bezgl. Konformität mit der DGRL).

Die externe Dokumentation beinhaltet alle Informationen, die für die sichere Anwendung eines Produktes erforderlich sind. Sie muss zusammen mit dem Produkt ausgeliefert werden und besteht aus:

- Betriebsanleitung: Sie enthält Informationen zu Montage, Inbetriebnahme, Benutzung, Wartung, Inspektion und Hinweise auf Restgefahren. Gegebenenfalls sind technische Dokumente sowie Zeichnungen und Diagramme beizufügen, wenn diese für das richtige Verständnis der Anleitung erforderlich sind.
- Konformitätserklärung (Declaration of conformity) gem. Anhang VII, DGRL (Erklärung des Herstellers bzgl. Konformität des Produktes mit der DGRL).

***Anmerkung zur Sprache:***
In Artikel 5 (3), DGRL heißt es sinngemäß: Der Mitgliedstaat, in dem die Druckgeräte oder Baugruppen auf dem Markt bereitgestellt werden, kann die Amtssprache(n) festlegen, in der die Kennzeichnung und Etikettierung, sowie Betriebsanleitung zu verfassen sind.

Weiter in Artikel 6 (7), DGRL: Die Betriebsanleitung und die Sicherheitsinformationen werden gemäß der Entscheidung des betreffenden Mitgliedstaats in einer Sprache, die von den Verbrauchern und anderen Nutzern leicht verstanden werden kann, zur Verfügung gestellt.

In der vormaligen Ausgabe der DGRL (97/23/EG) wurde die externe Dokumentation in Amtssprache des Endbenutzers und in der Originalsprache verlangt, nun muss der Verantwortliche in lokal geltenden Vorschriften eruieren, welche Sprache gefordert ist!

Insbesondere in den Mitgliedstaaten in denen mehrere Amtssprachen verwendet werden (z. B. Belgien und Luxemburg) empfiehlt sich eine frühzeitige Klärung.

Die zu verwendende Sprache ist dann auch mit Lieferanten zu vereinbaren!

## 7.4 Hinweise zu Baugruppen aus Druckgeräten

Durch die Produktvorschriften sollen u. a. hohe Mindeststandards und ein hohes Verbraucherschutzniveau gesichert werden. Dies betrifft nicht nur das einzelne Druckgerät, sondern auch entsprechende Baugruppen. Für diese gelten besondere Vorschriften (siehe Artikel 14.6, DGRL).

Gemäß Art. 2, 6, DGRL sind Baugruppen „mehrere Druckgeräte, die von einem Hersteller zu einer zusammenhängenden funktionalen Einheit verbunden werden.“

Der Umfang einer Baugruppe wird nicht konkreter festgelegt. Seitens der Gesetzgeber wird die Entscheidung, was als Baugruppe zu betrachten ist, dem Hersteller übertragen. Aufgrund der Interpretierbarkeit, was im Anwendungsfall nun eine Baugruppe ist, entstehen in der Praxis große Unsicherheiten und viele Diskussionen.

Den einzig sinnvollen Ansatz für die Festlegung der Grenzen einer Baugruppe erkennt man, wenn man von der grundsätzlichen Zielrichtung der DGRL ausgeht. Der Gesetzgeber regelt mit der DGRL den Umgang mit „druckbedingten Gefahren“ bezüglich Geräten, bei denen der Druck einen „wesentlichen Faktor für die Konstruktion darstellt“. Eine Baugruppe im Sinne der DGRL ist also eine zusammenhängende funktionale Einheit, deren wesentliches Konstruktionsmerkmal aus dem in den Geräten herrschenden Druck besteht.

Wenn eine Baugruppe von einem Hersteller in Verkehr gebracht wird, bietet es sich für diesen an, auf der „höchsten Ebene seines Lieferumfangs“ eine Konformitätsbewertung durchzuführen. Der Vorteil ergibt sich bei Betrachtung der Dokumentation:

Da der Hersteller für die Sicherheit der Baugruppe sowieso verantwortlich ist, muss er in jedem Fall die Gefahren und Risiken der Baugruppe analysieren und entsprechend reagieren bzw. verfahren. Der Hersteller hat also neben der technischen Dokumentation und Nachweisen der durchgeführten Prüfungen „nur“ eine Risikoanalyse, eine Betriebsanleitung und eine Konformitätserklärung zu erstellen.

Wenn diese eine Baugruppe in diverse Unterbaugruppen – was durchaus möglich ist – unterteilt wird, müssen die einzelnen Unterbaugruppen betrachtet werden und anschließend die gesamte Baugruppe.

Auch wenn die einzelnen Prüftätigkeiten gleich bleiben, wird doch der Dokumentationsaufwand erheblich größer, da erst die Unterbaugruppen die vorgeschriebenen Dokumente erhalten müssen und dann die gesamte Baugruppe.

Bezieht ein Hersteller Unterbaugruppen von Lieferanten, muss er natürlich darauf achten, dass sie mit „CE“ kommen, da er sonst die Herstellerverantwortung übernimmt, die er faktisch nicht übernehmen kann.

Wenn dann also eine Baugruppe definiert wurde, müssen frühzeitig mit allen am Projekt Beteiligten (Kunde, Lieferant, Montagedurchführende, Prüforganisationen etc.) die jeweiligen Verantwortlichkeiten vereinbart werden und vor allem, wer als der Hersteller der Baugruppe auftritt.

Wenn eine Trennung der Baugruppe unvermeidlich ist, sollte der Hersteller

- für „vollständige" Druckgeräte die Konformitätserklärungen sammeln,
- für „unvollständige" Druckgeräte eine „Einbauerklärung" analog zur europäischen Richtlinie 2006/42/EG (Maschinenrichtlinie, MRL) einfordern und sammeln,
  *[**Anmerkung:** In der DGRL existiert keine Regelung für „unvollständige Druckgeräte". Da man sich in der Rechtsprechung gerne auf vergleichbare Rechtsakte bezieht, sollte hier der Hersteller analog zur MRL verfahren.]*
- die Analyse der Gefahren und Risiken (evtl. mit Beteiligung der Lieferanten) erstellen,
- je nach zu verwendendem Modul eine notifizierte Stelle einschalten,
- die Bedienungs-/Betriebsanleitung (evtl. mit Beteiligung der Lieferanten) erstellen,
- dann die Konformitätserklärung für die Baugruppe ausstellen und das CE-Kennzeichen anbringen.

## Literatur

1. Verordnung 1272/2008: https://eur-lex.europa.eu/legal-content/DE/TXT/PDF/?uri=CELEX:02008R1272-20200501&from=DE
2. Leitlinien zu Druckgeräterichtlinie (DGRL) 2014/68/EU, v6.0 (05/2020) https://ec.europa.eu/docsroom/documents/41641/attachments/1/translations/en/renditions/native

# 8 Basiswissen zur europäischen Richtlinie 2006/42/EG (MRL)

## 8.1 Allgemeines zur Maschinenrichtlinie

Die europäische Richtlinie 2006/42/EG, allgemein bezeichnet als „Maschinenrichtlinie" (MRL, engl.: Machinery Directive, MD) ist eine seit dem 29.12.2009 verbindlich anzuwendende Produktvorschrift.

Die MRL gilt für die Auslegung, Fertigung und Konformitätsbewertung von Maschinen, auswechselbaren Ausrüstungen, Sicherheitsbauteilen, Lastaufnahmemitteln, Ketten, Seilen und Gurten, abnehmbaren Gelenkwellen und unvollständigen Maschinen.

Definitionen gemäß MRL:
***Maschine:*** *eine mit einem anderen Antriebssystem als der unmittelbar eingesetzten menschlichen oder tierischen Kraft ausgestattete oder dafür vorgesehene Gesamtheit miteinander verbundener Teile oder Vorrichtungen, von denen mindestens eines bzw. eine beweglich ist und die für eine bestimmte Anwendung zusammengefügt sind. (Weitere Definition siehe Artikel 2 Buchstabe a, MRL)*

***auswechselbare Ausrüstung:*** *eine Vorrichtung, die der Bediener einer Maschine oder Zugmaschine nach deren Inbetriebnahme selbst an ihr anbringt, um ihre Funktion zu ändern oder zu erweitern, sofern diese Ausrüstung kein Werkzeug ist.*

***Sicherheitsbauteil:*** *ein Bauteil,*

- das zur Gewährleistung einer Sicherheitsfunktion dient,
- gesondert in Verkehr gebracht wird,
- dessen Ausfall und/oder Fehlfunktion die Sicherheit von Personen gefährdet und



W. Fellner, *Normung für alle*,
https://doi.org/10.1007/978-3-658-41443-6_8

- das für das Funktionieren der Maschine nicht erforderlich ist oder durch für das Funktionieren der Maschine übliche Bauteile ersetzt werden kann.
- Eine nicht erschöpfende Liste von Sicherheitsbauteilen findet sich in der MRL, Anhang V

***Lastaufnahmemittel:*** *ein nicht zum Hebezeug gehörendes Bauteil oder Ausrüstungsteil, das das Ergreifen der Last ermöglicht und das zwischen Maschine und Last oder an der Last selbst angebracht wird oder das dazu bestimmt ist, ein integraler Bestandteil der Last zu werden, und das gesondert in Verkehr gebracht wird; als Lastaufnahmemittel gelten auch Anschlagmittel und ihre Bestandteile.*

***Ketten, Seile und Gurte:*** *für Hebezwecke als Teil von Hebezeugen oder Lastaufnahmemitteln entwickelte und hergestellte Ketten, Seile und Gurte.*

***abnehmbare Gelenkwelle:*** *ein abnehmbares Bauteil zur Kraftübertragung zwischen einer Antriebs- oder Zugmaschine und einer anderen Maschine, das die ersten Festlager beider Maschinen verbindet. Wird die Vorrichtung zusammen mit der Schutzeinrichtung in Verkehr gebracht, ist diese Kombination als ein einziges Erzeugnis anzusehen.*

***unvollständige Maschine:*** *eine Gesamtheit, die fast eine Maschine bildet, für sich genommen aber keine bestimmte Funktion erfüllen kann. Ein Antriebssystem stellt eine unvollständige Maschine dar. Eine unvollständige Maschine ist nur dazu bestimmt, in andere Maschinen oder in andere unvollständige Maschinen oder Ausrüstungen eingebaut oder mit ihnen zusammengefügt zu werden, um zusammen mit ihnen eine Maschine im Sinne dieser Richtlinie zu bilden.*

Entsprechend Artikel 1, Abs. 2, MRL sind u. a. Maschinen speziell für militärische Zwecke, für Forschungszwecke, in kerntechnischen Anlagen, ebenso wie für Seeschiffe und Waffen ausgenommen.

Des Weiteren geht aus Artikel 3 hervor, dass die MRL nicht mehr gilt, wenn die von der Maschine ausgehenden Gefährdungen „von einer anderen Gemeinschaftsrichtlinie genauer erfasst“ werden.

## 8.2 Besonderheit der MRL

Eine der Besonderheiten der MRL besteht in folgender Festlegung: „Fällt eine Maschine unter weitere Richtlinien, die andere Aspekte regeln und ebenfalls das Anbringen einer CE-Kennzeichnung vorschreiben, so bedeutet die CE-Kennzeichnung, dass diese Maschine auch den Bestimmungen dieser anderen Richtlinien entspricht" (Art. 5, Abs. 4, MRL). Durch die CE-Kennzeichnung nach MRL erklärt der Hersteller, dass alle europäischen Richtlinien, die die Maschine betreffen, erfüllt werden.

Die Maschinenrichtlinie regelt (reduziert auf die Pflichten des Herstellers) die:

- Definition von „Maschinen mit höherem Risikopotenzial": siehe Liste im Anhang V, MRL
- Festlegung von Konformitätsbewertungsverfahren:
  - das in Anhang VIII vorgesehene Verfahren der Konformitätsbewertung mit interner Fertigungskontrolle bei der Herstellung von Maschinen;
  - das in Anhang IX beschriebene EG-Baumusterprüfverfahren sowie die in Anhang VIII Nummer 3 beschriebene interne Fertigungskontrolle bei der Herstellung von Maschinen;
  - das in Anhang X beschriebene Verfahren der umfassenden Qualitätssicherung
- Definition der zu erfüllenden „grundlegenden Sicherheitsanforderungen": siehe Anhang I, MRL.

## 8.3 Vereinfachte Darstellung der Konformitätsbewertung

In der MRL werden keine Module für die Konformitätsbewertung speziell definiert, sondern hierfür in den Anhängen VIII, IX und X unterschiedliche Verfahren festgelegt. Der Ablauf als solcher ist also denkbar einfach, siehe Abb. 8.1.

Auffällig ist die enorme Eigenverantwortlichkeit des Herstellers. Im Erwägungsgrund 20 der MRL heißt es explizit: „Es sollte allein in der Verantwortung der Hersteller liegen, die Übereinstimmung ihrer Maschinen mit den Bestimmungen dieser Richtlinie nachzuweisen. Für einige Arten von Maschinen mit höherem Risikopotenzial ist jedoch ein strengeres Nachweisverfahren wünschenswert."

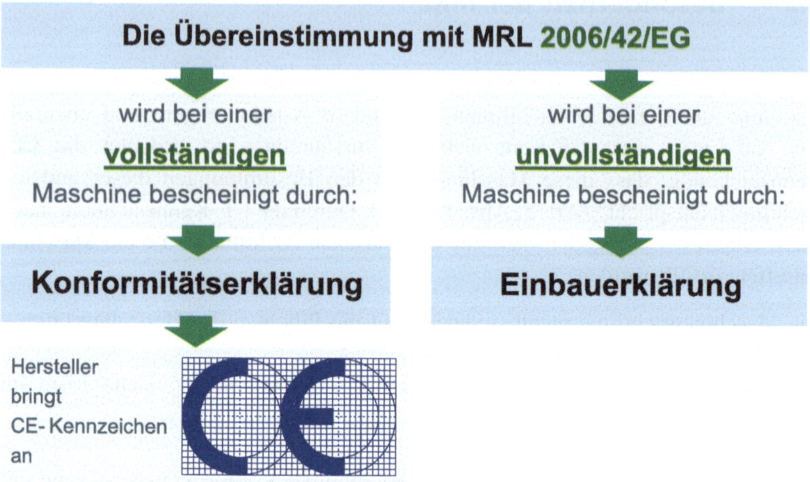


**Abb. 8.1** Systematik der Erklärungen nach MRL

Eine Benannte Stelle ist nur dann einzuschalten, wenn die Maschine im Anhang IV gelistet ist und nicht nach harmonisierten Normen hergestellt wird.

***Anmerkung:***
Die in der derzeit gültigen Fassung der MRL benutzte Bezeichnung „Benannte Stelle“ für die unabhängige Prüfstelle (3rd Party) wird bei einer Novellierung voraussichtlich (analog zu neueren Harmonisierungsrechtsvorschriften der EU) in „notifizierte Stelle“ geändert.

## 8.4 Hinweise zur MRL

### 8.4.1 Neufassung der MRL

Die aktuelle Maschinenrichtlinie 2006/42/EG stammt – wie schon aus dem Titel ersichtlich – aus dem Jahr 2006. Im Gegensatz zu vielen anderen Richtlinien wurde sie 2014 nicht an das New Legislative Framework (NLF) angepasst. Die Kommission legte im April 2021 die neue Maschinenverordnung vor, welche nun vom Europäischen Parlament und dem Rat förmlich angenommen werden müssen. Die Verordnung tritt am zwanzigsten Tag nach ihrer Veröffentlichung im Amtsblatt der Europäischen Union in Kraft. Die neue Verordnung wird 42 Monate nach ihrem Inkrafttreten gelten, somit wird erst Mitte/Ende 2026 mit der verbindlichen Anwendung zu rechnen sein.

### 8.4.2 Auslegung des Anwendungsbereichs der MRL

Um vermeintlichen Aufwand zu umgehen, möchten Entscheidungsträger gerne vermeiden, dass die MRL angewendet werden muss.

Einigkeit besteht in der Tatsache, dass die MRL de facto Gesetz ist und die Verantwortung beim Hersteller liegt.

Da größtenteils kein unabhängiger Dritter involviert werden muss, entstehen innerhalb des jeweiligen herstellenden Unternehmens, evtl. auch mit den Lieferanten, häufig Diskussionen über den Maschinenbegriff an sich. Daher eine kurze Erläuterung.

Der Gesetzgeber hat die grundsätzliche Schwierigkeit, eine allgemeine und gleichzeitig genaue Definition aufzustellen. Daher wurde bereits in den Erläuterungen der EU-Kommission zur 98/37/EG erklärt: „Der Anwendungsbereich der Maschinenrichtlinie darf natürlich nicht unsinnig weit ausgelegt werden. Wesentlich ist das Verständnis des mit der Richtlinie angestrebten Nutzeffekts. Die Richtlinie verfolgt lediglich das Ziel, den Verkehr der Erzeugnisse zu erleichtern und das Sicherheitsniveau von Produkten, die mit Gefahren behaftet sind, zu erhöhen. So muss bei der Auslegung des Anwendungsbereichs der nach dem „neuen Konzept" verfassten Richtlinien von der Verbindung der sehr allgemein gehaltenen Begriffsbestimmung (...) mit den jeweiligen Gefahren ausgegangen werden. (...) Die Gefahr ist ein zusätzliches Kriterium, durch das der Anwendungsbereich näher bestimmt wird, um sinnwidrige Anwendungen der Maschinenrichtlinie zu vermeiden."

Einen Hinweis bietet da auch der Erwägungsgrund 23, MRL: „Der Hersteller oder sein Bevollmächtigter sollte ferner dafür sorgen, dass für die Maschine, die er in Verkehr bringen will, eine Risikobeurteilung vorgenommen wird. Dazu sollte er ermitteln, welche grundlegenden Sicherheits- und Gesundheitsschutzanforderungen für seine Maschine gelten und die entsprechenden Maßnahmen treffen."

Der Hersteller soll also die Gefahren, die von seiner Maschine ausgehen, analysieren. Wenn diese Gefahren im Anhang I der MRL gelistet sind, ergibt es folglich Sinn, die MRL zu berücksichtigen. Es klingt vielleicht zu trivial, aber zur Frage, wann man die MRL berücksichtigen muss, kann man tatsächlich sagen:

**„Die Anwendung der MRL ergibt nur dann Sinn, wenn die Anwendung der MRL Sinn ergibt.“**

### 8.4.3 Risikobeurteilung

Die MRL fordert im Anhang 1, 1., dass der Hersteller dafür zu sorgen hat, dass eine Risikobeurteilung vorgenommen wird, um die für die Maschine geltenden Sicherheits- und Gesundheitsschutzanforderungen zu ermitteln. Die Maschine muss dann unter Berücksichtigung der Ergebnisse der Risikobeurteilung konstruiert und gebaut werden.

Die Risikobeurteilung besteht aus der Gesamtheit des Verfahrens, das eine:

- Risikoanalyse (die Kombination aus Festlegung der Grenzen der Maschine, Identifizierung der Gefährdungen und Risikoeinschätzung) und
- Risikobewertung (auf der Risikoanalyse beruhende Beurteilung, ob die Ziele zur Risikominderung erreicht wurden)

umfasst.

Bei der Risikobeurteilung handelt es sich also um ein iteratives Verfahren, aus:

1. Bestimmung der Grenzen der Maschine (bestimmungsgemäße Verwendung und Fehlanwendungen),
2. Ermittlung der Gefährdungen und Gefährdungssituationen,
3. Abschätzung der Risiken (Verletzungsschwere und Wahrscheinlichkeit),
4. Bewertung der Risiken (Risikominderung nötig/nicht nötig) und
5. Vermeidung der Gefährdungen oder Minimierung der Risiken durch Anwendung von Schutzmaßnahmen.

Diese Vorgehensweise wird im Anhang 1, MRL und der EN ISO 12100 beschrieben.

Somit wird diese im Auftrag der EU-Kommission erarbeitete, harmonisierte Norm praktisch Bestandteil der MRL.

***Hinweis***

In der Norm EN ISO 12100 ist im Bild 1 eine gelungene schematische Darstellung des dreistufigen iterativen Prozesses zur Risikominderung und im Bild 2 der Prozess zur Risikominderung aus Sicht des Konstrukteurs zu finden.

Gelangt man an den Punkt „Risikominderung durch technische Schutzmaßnahme, Einbeziehung ergänzender Schutzmaßnahme“ und die technische Schutzmaßnahme hängt von einem Steuerungssystem ab, dann empfiehlt sich die Einbindung von EN ISO 13849-1 (Bestimmung des Performance Levels, PL) bzw. EN 62061 (IEC 62061) (Bestimmung des Safety Integrity Levels, SIL).

### 8.4.4 Dokumentation

Die MRL beschreibt nicht den kompletten Umfang der Herstellerdokumentation, sondern fordert, dass anhand der technischen Unterlagen eine Beurteilung hinsichtlich Übereinstimmung mit den zu erfüllenden Anforderungen möglich sein soll (siehe Tab. 8.1).

**Tab. 8.1** Dokumentation gemäß MRL

| | Interne Dokumentation | Externe Dokumentation |
|---|---|---|
| „Maschinenkomponente“/ „Bauteil“ | Technische Unterlagen | Benötigen keine formelle Erklärung |
| „Unvollständige Maschinen“ | Spezielle technische Unterlagen nach Anhang VII B (einschl. Risikobeurteilung) | • Einbauerklärung (Anhang II B, MRL)<br>• Montageanleitung (Anhang VI) *[Sprache abzustimmen]* |
| „Maschine“ (und „Gesamtheit von Maschinen“) | Technische Unterlagen nach Anhang VII A (einschl. Risikobeurteilung und Betriebsanleitung) | • Konformitätserklärung (Anhang II A, MRL) *[siehe auch EN ISO/IEC 17050-1]*<br>• Betriebsanleitung (Anhang I Nr. 1.7.4) *[in der Amtssprache des Verwenderlandes sowie Originalsprache]*<br>• CE-Kennzeichnung (Anhang III, MRL) |

# Basiswissen CE-Kennzeichnung komplexer Anlagen

# 9

## 9.1 Beispiel der CE-Kennzeichnung einer Gesamtheit von Maschinen

Ein Unternehmen liefert eine Baugruppe, bestehend aus Pumpe, Getriebe, Kupplung und E-Motor.

Für die unter seiner Verantwortung zusammengefügte Gesamtheit von Maschinen muss dann das Unternehmen als Hersteller der Baugruppe (siehe Abb. 9.1)

- für Maschinen die Konformitätserklärungen sammeln,
- für die unvollständigen Maschinen die Einbauerklärungen sammeln,
- die Risikobeurteilung (evtl. mit Beteiligung seiner Lieferanten) für die Baugruppe erstellen,
- technische Unterlagen nach Anhang VII A, MRL (evtl. mit Beteiligung seiner Lieferanten) erstellen,
- (je nach Bedarf) eine Benannte Stelle einschalten,
- die Betriebsanleitung (Anhang I Nr. 1.7.4, MRL) (evtl. mit Beteiligung der Lieferanten) erstellen und
- dann die Konformitätserklärung für die Baugruppe ausstellen und das CE-Kennzeichen anbringen.



W. Fellner, *Normung für alle*,
https://doi.org/10.1007/978-3-658-41443-6_9

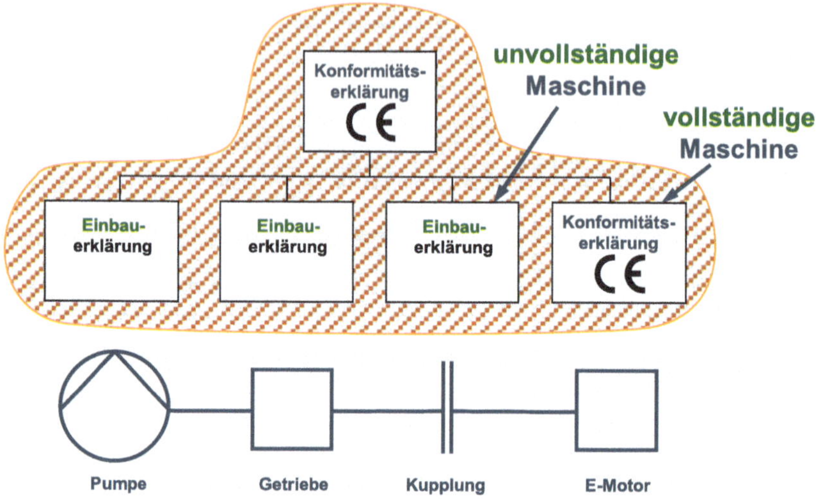


**Abb. 9.1** Beispiel der CE-Kennzeichnung einer Gesamtheit von Maschinen

## 9.2 Beispiel der CE-Kennzeichnung eines Rührwerksbehälters

Im Chemieanlagenbau wird üblicherweise bei der Lieferung von Baugruppen (nach DGRL) oder einer Gesamtheit von Maschinen (nach MRL) der Lieferant der „Hauptkomponente" als Hersteller ausgesucht und beauftragt, die Konformitätserklärung auszustellen und das CE-Kennzeichen anzubringen.

Bei einem Rührwerksbehälter wäre das der Behälterlieferant. Erfahrungsgemäß kennt dieser aber nur die DGRL und verweigert deshalb die Konformitätserklärung nach MRL für den kompletten Rührwerksbehälter (siehe Abb. 9.2).

Es sind also frühzeitig mit allen am Projekt Beteiligten (alle Lieferanten, Montagedurchführende, Prüforganisationen etc.) die jeweiligen Verantwortlichkeiten zu vereinbaren und vor allem, wer als der Hersteller des kompletten Rührwerksbehälters auftritt.

Wenn sich keiner findet, bleibt dann dem In-Verkehr-Bringer nichts Anderes übrig, als selber als Hersteller aufzutreten und die Tätigkeiten analog zum vorherigen Beispiel (siehe Abschn. 9.1) durchzuführen.

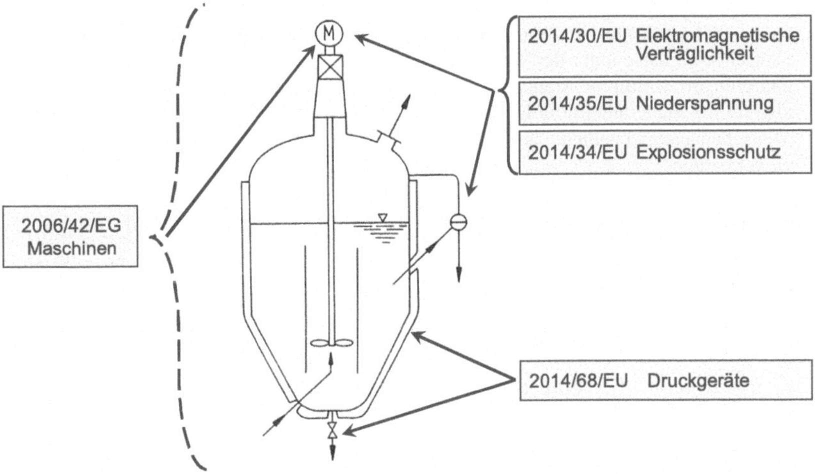


**Abb. 9.2** Anwendungsbeispiel: Rührwerksbehälter

## 9.3 CE-Kennzeichnung komplexer Industrieanlagen

Die EU verfolgt durch Ratifizierung ihrer Harmonisierungsrechtsvorschriften u. a. das Ziel, einheitliche Mindeststandards für den Arbeitsschutz und die Produktsicherheit zu schaffen. Die formulierten Sicherheits- und Gesundheitsschutzanforderungen beziehen sich entweder allgemein auf eine Gefahr (z. B. elektrische Spannung, Druck, Explosion, Maschinen) oder speziell auf Produkte (z. B. Gasverbrauchseinrichtungen, Aufzüge).

Die in der Praxis leider immer noch vorkommende Forderung hinsichtlich CE-Kennzeichnung einer komplexen Industrieanlage wirft dann die Frage auf, welche europäische Richtlinie dafür anzuwenden ist. Spezielle Harmonisierungsrechtsvorschriften für komplexe Industrieanlagen existieren ja nicht.

Eine noch einigermaßen sinnvolle Grundlage bietet die MRL, doch hierzu wurde bereits in den Erläuterungen der EU-Kommission zur 98/37/EG erklärt:

> „Die Bestimmung des Begriffs Gesamtheit von Maschinen sollte mit gesundem Menschenverstand und Augenmaß ausgelegt werden. Es wäre unsinnig, diesen z. B. auf komplette Industrieanlagen, wie Elektrizitätswerke oder Ölraffinerien, ausdehnen zu wollen. (…)

> Die Frage der Anwendung der Maschinenrichtlinie auf eine komplexe Industrieanlage stellt sich nur bei der ersten Inbetriebnahme einer vollständig neuen Anlage. Danach wird diese unter der Verantwortung des Unternehmers, der betriebsbedingte Änderungen vornimmt, ständig weiterentwickelt. (...) Die Maschinenrichtlinie ist also für die Sicherheit dieser Industrieanlagen von keinerlei Nutzen, und der gesunde Menschenverstand gebietet, auf ihre Anwendung im Falle dieser kompletten Anlagen zu verzichten."

Im Leitfaden für die Anwendung der Maschinenrichtlinie 2006/42/EG § 38 [1] wird ausgeführt: „Die Definition von Gesamtheiten von Maschinen erstreckt sich nicht auf eine vollständige Industrieanlage, die aus einer Anzahl von Produktionslinien besteht, von denen jede wiederum aus einer Anzahl von Maschinen, Gesamtheiten von Maschinen und anderen Ausrüstungen besteht, selbst wenn diese gemeinsam über eine einzige Produktionssteuerung bedient werden. Nur wenn die Anlage (die aus einer beliebigen Kombination von Maschinen, unvollständigen Maschinen und anderen Ausrüstungen bestehen kann, die als Folge eine Maschine nach der Maschinenrichtlinie bildet) eine einzige integrierte Produktionslinie ist, findet die Maschinenrichtlinie auf diese Anlage als Gesamtheit Anwendung. Für die Anwendung der Maschinenrichtlinie können die meisten Industrieanlagen in Teilbereiche untergliedert werden, die ihrerseits jeweils als eigene Gesamtheiten (von Maschinen) oder sogar als unabhängige Maschinen (z. B. ein Mischbehälter) betrachtet werden. Selbst eine einzelne Produktionslinie kann in getrennte Gesamtheiten und/oder Maschinen unterteilt werden, wenn kein sicherheitstechnischer Zusammenhang zwischen den Gesamtheiten oder Maschinen besteht, die diese Produktionslinie bilden."

Auch wenn formal keine Obergrenze für die „Gesamtheit von Maschinen" existiert, so lässt sich diese individuell durch den produktions- und sicherheitstechnischen Zusammenhang definieren. Eine CE-Kennzeichnung lässt sich bis zu dieser Grenze durchführen, aber nicht für eine komplexe Industrieanlage (siehe Abb. 9.3)!

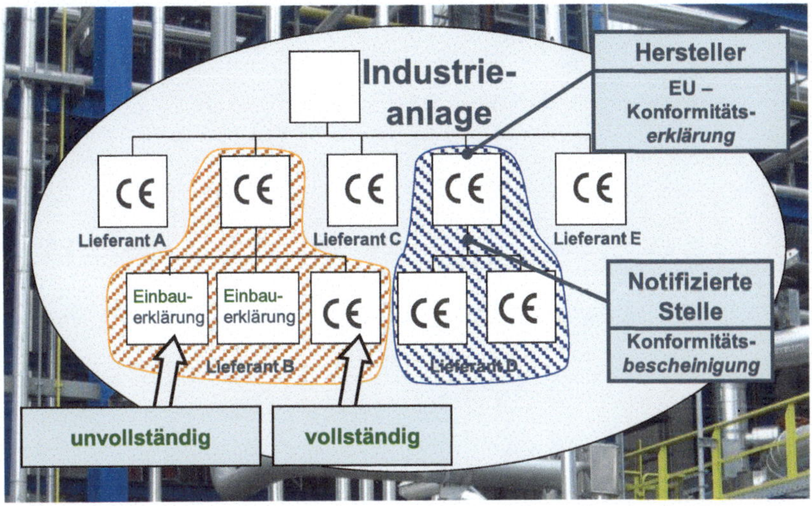


**Abb. 9.3** Systematik der CE-Kennzeichnung einer Industrieanlage

## Literatur

1. Leitfaden für die Anwendung der Maschinenrichtlinie 2006/42/EG Auflage 2.2 – Oktober 2019 (Aktualisierung der 2. Auflage) https://www.bmas.de/SharedDocs/Downloads/DE/Arbeitsschutz/leitfaden-fuer-anwendung-maschinenrichtlinie-2006-42-eg.html

# Weiterführende Literatur


(1) EMKG-Leitfaden – Modul Brand und Explosion. 3. Auflage. Dortmund: Bundesanstalt für Arbeitsschutz und Arbeitsmedizin 2020. ISBN: 978-3-88261-265-3, Seiten 55, Projektnummer: F 2265, Papier, PDF-Datei, DOI: 10.21934/baua:bericht20200402.3 https://www.baua.de/DE/Angebote/Publikationen/Berichte/Gd65.pdf?blob=publicationFile&v=14

(2) Interpretationspapier zum Thema „Gesamtheit von Maschinen" https://www.bmas.de/DE/Themen/Arbeitsschutz/interpretationspapier-gesamtheit-von-maschinen.html

(3) Interpretationspapier „Wesentliche Veränderung von Maschinen" https://www.bmas.de/DE/Themen/Arbeitsschutz/Produktsicherheit/interpretationspapier-wesentliche-veraenderung-von-maschinen.html

(4) Normen richtig lesen und anwenden, Erläuterung anhand von Beispielen, Leticia De Anda Gonzalez

(5) Bezeichnungen für Normen, Kürzel in Norm-Nummern und ihre Bedeutung, Michael Krüger, Jan Dittberner

(6) Einführung in die DIN-Normen, Martin Klein

(7) Stichwörter zur Europäischen Normung, Anja Berndt, Simon Downe, Michael Krüger

(8) Kurze Einführung in die Normung – Das Wesentliche zu DIN, CEN und ISO, Holger Mühlbauer

(9) Normung für Kleinunternehmen aus Industrie und Handwerk, Dr.-Ing. Bernd Hartlieb, Prof. Dr.-Ing. Norbert Müller, Dipl.-Ing. Burkhard Schröder

(10) Innerbetriebliche Normung, Handbuch und Wegweiser für Normungsmanager, Thomas Heider, Dirk Schuster

(11) Technisches Recht, Grundlagen – Systematik – Recherche, Lothar Hertel, Brigitte Oberbichler, Thomas Wilrich




W. Fellner, *Normung für alle*,
https://doi.org/10.1007/978-3-658-41443-6

(12) Produktkonformität und CE-Kennzeichnung: Wer ist im Unternehmen verantwortlich? , Michael Loerzer, Roy Müller, Mario Schacht
(13) Konformitätsverantwortung: CE-Kennzeichnung im Produktentstehungsprozess, Michael Loerzer, Mario Schacht
(14) Rechtskonformes Inverkehrbringen von Produkten, In 10 Schritten zur Konformitätserklärung, Peter Buck, Michael Loerzer, Andreas Schwabedissen
(15) Umsetzung der Europäischen Druckgeräterichtlinie 2014/68/EU, Handlungshilfe und Potenziale, Dipl.-Ing. Jochen Mußmann
(16) Umsetzung der Druckgeräterichtlinie im Rohrleitungsbau: Handlungshilfe und Potentiale, Dipl.-Ing. Jochen Mußmann
(17) Risikobeurteilung gemäß Maschinenrichtlinie: Handlungshilfe und Potentiale, Ulrich Kessels, Siegbert Muck
(18) Technische Dokumentation, Praktische Anleitungen und Beispiele, Dietrich Juhl
(19) Entwicklung und Planung verfahrenstechnischer Anlagen, Prof. Dr. Siegfried Ripperger, Dr. Kai Nikolaus
(20) Hütte – Das Ingenieurwissen, Horst Czichos, Manfred Hennecke
(21) Projektmanagement verstehen, Helga Meyer, Heinz-Josef Reher
(22) Einführung in das Konzept Industrie 4.0, Grundlagen der Produktionswirtschaft, Florian Kellner, Bernhard Lienland, Maximilian Lukesch

# Literatur

1. DIN/Über Normen & Standards/Nutzen für die Wirtschaft/Kosteneinsparungen, https://www.din.de/de/ueber-normen-und-standards/nutzen-fuer-die-wirtschaft/kosteneinsparungen (Bearbeitungsstand: 8. Dezember 2020)
2. DIN/Über Normen & Standards/Nutzen für die Wirtschaft/Innovationsförderung, https://www.din.de/de/ueber-normen-und-standards/nutzen-fuer-die-wirtschaft/innovationsfoerderung (Bearbeitungsstand: 8. Dezember 2020)
3. DIN/Über Normen & Standards/Nutzen für die Wirtschaft/Mittelstand, https://www.din.de/de/ueber-normen-und-standards/nutzen-fuer-die-wirtschaft/mittelstand (Bearbeitungsstand: 8. Dezember 2020)



W. Fellner, *Normung für alle*,
https://doi.org/10.1007/978-3-658-41443-6